Herzlichen Dank für alle, die mir geholfen haben,
dass dieses Buch entstanden ist.
Renate Henning, Christoph Schlegel, Sebastian Kutscha,
Giuseppe Strina, Günther Refle und viele andere Freunde und
Freundinnen waren dabei treue Wegbegleiter. Allen, die mir ermöglicht
haben ihre Geschichte zu erzählen danke ich ganz besonders.
Orte, Namen und Daten sind zum Teil verändert.
Die Kunst der kleinen Lösung hat mir auch geholfen,
mich selber besser zu verstehen. Und diejenigen,
mit denen ich zusammenarbeiten durfte.

Klaus Henning

Die Kunst der kleinen Lösung

Wie Menschen und Unternehmen
die Komplexität meistern

MURMANN
MURMANN PUBLISHERS

Dieses Buch wurde klimaneutral produziert:

Print CO_2 kompensiert
Id-Nr. 1440279
www.bvdm-online.de

FSC
www.fsc.org
MIX
Papier aus verantwortungsvollen Quellen
FSC® C106847

Bibliografische Information der Deutschen Nationalbibliothek
Die Deutsche Nationalbibliothek verzeichnet diese Publikation in der Deutschen Nationalbibliografie; detaillierte bibliografische Daten sind im Internet über http://dnb.d-nb.de abrufbar.

Herstellung, Umschlaggestaltung, Layout und Satz: Murmann Verlag
Druck und Bindung: freiburger graphische betriebe, Freiburg
Printed in Germany

ISBN 978-3-86774-382-2

Besuchen Sie uns im Internet: www.murmann-verlag.de
Ihre Meinung zu diesem Buch interessiert uns!
Zuschriften bitte an **info@murmann-verlag.de**
Den Newsletter des Murmann Verlages können Sie anfordern unter
newsletter@murmann-verlag.de

Inhalt

I. EINLEITUNG

WANDERN ZWISCHEN DEN WELTEN

Handschuhe brauche ich nicht

In 2800 Metern Höhe beginnt es kritisch zu werden. So war es auch an diesem Spätsommertag. Wir befanden uns weit oberhalb der Baumgrenze, in den Schweizer Alpen. Wir waren eine kleine Gruppe, drei Männer. Zwei Geschäftspartner und ich. Wir wollten auf eine Hütte steigen, diese lag bei knapp 3000 Metern. Am Morgen war es recht kühl und daher empfehlenswert, Handschuhe zu tragen. Der eine nahm die Handschuhe, der andere lehnte ab: »Das brauche ich nicht.« Er war sich da sehr sicher.

Wir wanderten los. Und je höher wir stiegen, desto kälter wurde es. Die Temperatur lag vielleicht noch bei ein, höchstens zwei Grad. Das kann im Sommer passieren. Im August können in den Bergen schnell 30 Zentimeter Schnee liegen. Und auf der Höhe kann es ohnehin kalt sein. Der Berg ist nicht berechenbar. Wie gesagt: Zwei trugen Handschuhe, einer nicht. »Nein, keine Handschuhe.« Schritt für Schritt stiegen wir nach oben, es war ein beschwerlicher, aber machbarer Weg. Bald ließen wir die Baumgrenze hinter uns. Schmale Serpentinen nach oben, vorbei an Felsen, an Disteln, immer weiter unserem Ziel entgegen.

Wir hatten es fast geschafft. Wir konnten die Hütte bereits sehen, eine kleine Hütte mit einer Schweizer Fahne. Plötzlich blieb er stehen, unser Kamerad ohne Handschuhe. Mitten auf dem schmalen Weg. Er rührte sich nicht mehr, ging weder vor noch zurück. Er stand da neben einem Schneefeld und blickte zu Boden. Wir sprachen ihn an. Er antwortete nicht. Er schien völlig neben der Spur zu sein. Ich ging näher zu ihm hin: »Was ist los?«

Er blickte nicht auf, sagte nur: »Ich kann nicht mehr, Klaus, ich drehe jetzt um und gehe alleine zurück.« Fast 1000 Höhenmeter Abstieg. Noch dazu war ein Gewitter im Anmarsch. »Nein, das machst du jetzt nicht!«, rief ich ihm zu. In seiner Lage wäre er keine 100 Höhenmeter weiter gekommen. Für ihn wäre der Abstieg lebensbedrohlich geworden. Das ist das Tückische an den Bergen. Plötzlich sagte er: »Klaus, ich glaube, ich habe mir die Finger erfroren.« Er hatte ja keine Handschuhe an, und die Temperatur war inzwischen unter den Nullpunkt gefallen.

Jetzt mussten wir handeln. Wir rieben seine Hände mit Schnee ab, um sie aufzuwärmen. Wir sprachen ihm gut zu, wir verwiesen auf die Hütte, die nicht mehr weit sei. »Es sind höchstens noch 10 oder 20 Minuten Fußweg, schau, da vorne«, sagte ich ihm. »Das schaffst du!« Doch er wollte nicht mehr. Er konnte nicht mehr. Wir redeten ihm zu, wir versprachen, ihn zu stützen, nahmen ihm den Rucksack ab. Und irgendwie schafften wir es, ihn zum Weitergehen zu bewegen. Wir schleppten ihn mehr, als dass er ging. Mehr als eine Stunde haben wir für den Weg gebraucht. Die Hütte hatten wir immer im Blick. Endlich waren wir oben angekommen. Er war vollkommen erschöpft. Auch an uns hatte dieser Aufstieg gezehrt.

Wir stolpern über Kleinigkeiten

In der Hütte wärmten wir uns auf, er aß eine Suppe, wir tranken etwas. Langsam kamen wir wieder zu Kräften. Es war offensichtlich, dass er an diesem Tag an eine Grenze geraten war. Er wirkte immer noch abwesend. Eigentlich ein kräftiger Mann, ein Macher, der vor nichts zurückschreckt. Aber der Berg hatte das anders gesehen. Der Berg hat ihm gezeigt, wie weit man gehen kann – und wie weit nicht. Nach unserem Hüttenaufenthalt schien er gestärkt, er konnte absteigen. Ich ging hinter ihm, ließ ihn nicht eine Sekunde aus den Augen. Schweigend gingen wir dem Tal entgegen. Unten, beim Arzt, gab es Entwarnung: Er hatte sich die Finger nicht erfroren.

Oft hat man das Große vor Augen und sieht das kleine Hindernis nicht.

Kleinigkeiten. Wir stolpern über die Kleinigkeiten. Wir haben einen prächtigen Berg im Visier – und verzichten auf Handschuhe.
Das ist nicht nur am Berg so. Das ist mir in den vergangenen Jahrzehnten zu häufig begegnet. Oft hat man das Große vor Augen und sieht nicht das kleine Hindernis.
Im Berg kann es tödlich enden. Im Alltag endet es oft im Chaos.

Die Beobachtung reicht, um ein System zu verändern

Mir ist es zur Aufgabe geworden, Wege durch das Chaos zu bahnen. Ob als Wissenschaftler, als Unternehmer und vor allem als Berater, immer stand und stehe ich vor der Frage: Wie lässt sich die Komplexität einer Situation, die Komplexität eines Systems meistern? Nicht selten hängt es an einem kleinen Detail. Ein Schraube, die neu justiert wird, ein Gespräch, das geführt werden sollte. Solche kleinen Lösungen zu finden ist nicht einfach. Es sind nicht die »Man muss doch nur …«-Lösungen. Es sind diejenigen kleinen Lösungen, die eine große Wirkung haben. Und nicht so viele unerwünschte Nebenwirkungen. Das setzt aber voraus, dass man die Komplexität und Dynamik einer Situation wahrnimmt.

Im Berg ist es vor allem die Beobachtung. Man muss das Wetter im Blick haben. Den Weg. Die Bergsteigerkollegen: wie sie atmen, wie sie sich bewegen. Welche Kleider sie tragen. Ob sie Pausen machen. Nur ein kleines Detail kann den Unterschied machen. Und ein Berg verzeiht nichts. Er zeigt dir deinen Fehler sofort. Er kennt kein Pardon für deinen Hochmut.

Das Wechselspiel zwischen Detail und Ganzem ist komplex. Die kleine Lösung ist nicht einfach.

Vermeintliche Kleinigkeiten sind auch Pausen. Keiner wird auf einen Berg kommen, wenn er auf Pausen verzichtet. Pausen können zu lang sein, man kann auch zu viele Pausen machen. Das passiert, wenn man zu Beginn losstürmt und dann feststellt, wie sehr man sich überschätzt hat. Es ist ein ständiges Austarieren, um immer das richtige Maß zu finden. Wer Kleinigkeiten außer Acht lässt, riskiert eine Menge. Wenn man das Besteigen eines Bergs als ein System betrachtet, nennen wir es das »System Aufstieg und Abstieg«, und dieses System kann zusammenstürzen, wenn man ein Detail außer Acht lässt. Auch um das System am Laufen zu halten, ist das Detail wichtig. Und der

Blick für das Ganze. Es ist das Wechselspiel zwischen dem Detail und dem Ganzen. Der Versuch, alles zu beherrschen und im Griff zu haben, misslingt in der Komplexität. Manchmal muss man mit der Lupe hinschauen. Immer aber ist ein »Hubschrauberblick« nötig, um den Überblick zu behalten. Es geht darum, Komplexität zu meistern, nicht, sie zu beherrschen. Dieses Wechselspiel zwischen dem Detail und dem Ganzen ist nicht einfach. Sie ist auch nicht einfach: die kleine Lösung.

Berge lehren uns Demut

Ich würde nicht behaupten, dass ich die Berge verstanden habe. Wer versteht schon die Natur? Berge können fantastisch schön sein und ebenso grausam. Wer einmal gesehen hat, wie in unmittelbarer Nähe mehrere Bergsteiger tödlich abstürzen, weiß, was ich meine. Von einer Sekunde auf die nächste. Berge sind unberechenbar. Sie lehren uns Demut. »Sei dir nicht so sicher«, scheinen sie dir jedes Mal mit auf den Weg zu geben. »Du hast zwar Erfahrung, du hast schon einige Berge erklommen, aber das heißt nicht, dass du alles kannst – weder am Berg noch im Leben.«

Sie lehren nicht nur Demut. Sie zeigen einem auch, wie man wirklich ist.

Das Wandern in Bergen, das Bergsteigen, bringt einen näher zu sich selbst. Man erfährt etwas über sich. Wie ist man, was kann man, wie reagiert man, wie geht man damit um, wenn man mit sich selbst konfrontiert ist? Über alldem fühle ich mich als Christ gerade in den Bergen der Schöpfung sehr nahe. Hier zeigt sie sich in ihrer vollen Schönheit, in ihrer Rauheit, in ihrer Erhabenheit, in ihrer Größe. Berge sind Orte, an denen ich zu

Gott finde. Der Blick auf Berge, die Stille, das Zurückgeworfen-sein auf sich selbst, da fange ich an zu begreifen. Da bin ich bei mir. Da arbeite ich an mir. Von außen betrachtet mag dieses Trotten dem Gipfel entgegen langweilig erscheinen. Immer ein Schritt nach dem anderen. Erstaunlich ist aber, was sich im Innern abspielt, wie sehr man ins Denken kommt, wie klar man sieht.

Geht man bergauf, kommt man ins Nachdenken.

Ich erinnere mich an viele stundenlange Wanderungen. Wenn man in einen Dialog mit sich selbst tritt, wenn man mit sich selbst konfrontiert wird. Und die Erfahrung, wie es ist, schwierige Situationen zu meistern. Situationen, in denen es auf eine Kleinigkeit ankommt. Ich habe beispielsweise immer ein Stück Draht dabei. Ohne diesen Draht mache ich mich nicht mehr auf den Weg.

Ohne Draht gehe ich nicht auf die Berge

Und das hat einen Grund: Einmal bin ich in den Schweizer Alpen mit meiner Frau und einem Bergführer auf einen Viertausender gestiegen. Ein großartiges Erlebnis. In den frühen Morgenstunden sind wir los, haben dann gegen Mittag den Gipfel erreicht und genossen, was man auf 4000 Metern genießt: einen grandiosen Blick. Bis dahin war alles gut. Dann stiegen wir ab. Während des Abstiegs brach mein Steigeisen an einer Felskante. Wir trugen Steigeisen, weil wir über einen Gletscher und über Eisplatten gehen mussten. Ohne Steigeisen ist das lebensgefährlich. Mein rechtes Steigeisen war nun gebrochen. Eine unangenehme Situation. Zufällig hatte ich ein Stück Draht dabei und konnte das Eisen notdürftig reparieren. So schleppte ich mich mit einem kaputten Steigeisen an den Schuhen über den Gletscher. Schritt für Schritt.

Es ging gut, irgendwie. Aber seitdem habe ich bei jeder Bergtour, auch wenn sie nicht über Schnee und Eis geht, immer ein Stück Draht dabei.

Immer.

Im Grunde lassen sich meine Erfahrungen auf drei Erkenntnisse bringen:

Das Ganze in den Blick nehmen. Immer wieder sich auf den größeren Zusammenhang konzentrieren und die Fülle der Komplexität wahrnehmen und aushalten.

Ein Schritt nach dem anderen. Es sind oft Kleinigkeiten, die eine große Unternehmung scheitern lassen.

Auf die vermeintlichen Kleinigkeiten achten. Und verstehen, ob und welche Auswirkungen sie auf das Ganze haben.

Dieses Buch ist den kleinen Lösungen gewidmet. Weil es oft das »Stück Draht« ist, das in komplexen Systemen fehlt. Weil vom »Stück Draht« oft der Erfolg einer ganzen »Tour« abhängt.

Überfordert von der Komplexität

In einer bezaubernden Bergwelt, mit dem kräftigen Geruch der Latschen und einer strahlenden Sonne, kann sich innerhalb von Minuten das Wetter massiv verschlechtern. Von einem Augenblick auf den nächsten regnet es, stürmt, schneit es. Urplötzlich befindet man sich in einer chaotischen Situation. Genau so können sich auch Organisationen oder Unternehmen verhalten. Von einem Moment zum nächsten kann in solchen Systemen die

Komplexität und die Dynamik einer Situation dramatisch anwachsen. Und dann?
Man wird die Komplexität nie beherrschen können. Ich kann den Wetterumschwung in den Bergen nicht verhindern. Aber ich kann die Zeichen des Wetters wahrnehmen und verstehen lernen. Zwar lautet der Wunsch: Wir wollen das beherrschen. Doch die ernüchternde Erkenntnis lautet: Komplexität lässt sich nicht beherrschen. Man kann Komplexität nur zu meistern versuchen.

Wir können Komplexität und Dynamik nicht beherrschen, allenfalls schaffen wir es, sie zu meistern.

Und wie man sie meistern kann, wie man Chaos, wie man die Dynamik einer solchen Situation meistern kann, das will ich in diesem Buch zeigen.
Denn, und das ist eine Erkenntnis nach 50 Jahren in Wissenschaft, Unternehmen, Politik: Es gilt erst einmal, Komplexität und Dynamik auszuhalten, vor allem, wenn ich sie nicht ändern kann.
Mit Aushalten ist hier nicht einfach Geduld gemeint. Es geht darum, die Wahrnehmung über die Komplexität auszuhalten. Immer wieder. Und es sind die kleinen Dinge, die beachtet werden müssen. Und in den vielen kleinen Dingen und der oft mühsamen Wahrnehmung der Komplexität der Dinge findet sich oft das Entscheidende: *die kleine Lösung.*
Die kleine Lösung ist aber nicht die einfache Lösung. Die »Man muss doch nur ...«-Haltung ist gefährlich. Vielmehr muss ich in komplexen Systemen diagnostizieren und aushalten lernen –

die ganze Komplexität an mich heranlassen –, zunächst ohne einzugreifen. Und dann gilt es, alle möglichen Ansatzpunkte zu prüfen. Und dann die kleinste Lösung mit dem größten Effekt zu wählen. Manchmal aber ereignet sich die »kleine Lösung« sogar wie von selbst.

Immer geht es um den »großen Wurf« – warum eigentlich?

Das Chaos lauert überall. Wie bahne ich mir einen Weg durch das Chaos? – das ist zu meinem Leitmotiv geworden. Zu verstehen, wie sich eine statische Situation in eine dynamische Phase und dann in eine turbulente und schließlich in eine chaotische Phase wandelt, habe ich mir zur Aufgabe gemacht. Und diesem Prozess etwas entgegenzusetzen. Die vier genannten Phasen sind Merkmale einer anwachsenden Dynaxity.

Die vier Phasen von Dynaxity – statisch, dynamisch, turbulent, chaotisch.

Dynaxity ist ein Kunstwort, zusammengesetzt aus Dynamik und Komplexität (»complexity«). Das können Sie bei Wikipedia nachlesen. Oder bei Heijo Rieckmann, der das Wort erfunden hat. Und die Dynaxity sollte man in allen Systemen, allen Organisationen, allen Unternehmungen im Blick haben. Wird der Entwicklung der Dynaxity keine besondere Beachtung geschenkt, steht eine Menge auf dem Spiel, bis zur Gefahr des Scheiterns. Wir haben uns daran gewöhnt, immer den »großen Wurf« zu fordern. Vor allem natürlich in der Politik. Fast jeden Tag taucht bei großen Fragen wie Klimawandel, demografischer Wandel oder Bildung der Wunsch nach dem »großen Wurf« auf. Viele scheinen sich mit diesem Wunsch nach vermeintlicher Größe besonders hervortun zu wollen. Ständig werden »neue Strukturen« gefordert, auch der Ruf nach »neuen Besen« erklingt erstaunlich schnell. Als ob damit alles gut würde. Dabei gibt es genügend Beispiele, dass gerade darin nicht die richtige Lösung liegt. Wir hoffen oft auf den weißen Ritter, auf den Mann mit dem Geldkoffer, auf denjenigen, der mit einem Schwert den Weg bahnt. Die Hoffnung, dass mit einem Mal sämtliche Probleme gelöst sind, ist verständlich. Sie ist allerdings trügerisch. Die Lösung ist oft viel kleiner. Sie löst nie alles, aber oft vieles. Sie ist oft nicht einfach zu finden, und sie ist oft unscheinbar. Zum Beispiel ein Stück Draht. Ein Paar Handschuhe. Die Pause zur richtigen Zeit. Eben die kleine Lösung.

Die Trümmer wieder wohnlich machen

Die Welt lag in Trümmern, als ich geboren wurde.
Es waren die letzten Kriegswochen. Die Industriestadt Göppingen, wenige Kilometer vor Stuttgart, war das Ziel zahlreicher Fliegerangriffe. Wie in vielen deutschen Städten lebten die Menschen in ständiger Angst und verbrachten die Nächte in Bunkern. Meine Mutter erzählte mir immer wieder folgende Geschichte: Es war Fliegeralarm. Sie packte mich, ging mit mir auf dem Arm in den Luftschutzkeller. Wir blieben, bis die Bomber abgezogen waren. Und als wir wieder hochkamen, an diesem Morgen, war alles zerstört. Nur unser Haus stand noch.

Chaos war von Anfang an da.

Das äußere Chaos eines zerstörten Landes. Kaputt geschossen, kaputt gebombt. Vom großen Deutschland waren nur Trümmer geblieben.

Und bei den meisten Deutschen gab es ein großes inneres Chaos und eine große Verunsicherung. Und nach der Befreiung der Konzentrationslager wurde erst das Ausmaß der deutschen Verbrechen bewusst. Ein Land und seine Menschen hatten sich in ein komplettes Chaos hineinmanövriert. Was zunächst blieb, war ein Leben in Ruinen. So startete meine Generation mit einer Hypothek im Gepäck ins Leben.

Es ist ein Wort aus der Bibel, das mich – halb als Auftrag, halb als Erklärung – durch das Leben begleitet: »*Und die von dir kommen, werden die uralten Trümmerstätten aufbauen; die Grundmauern vergangener Generationen wirst du wieder aufrichten.*« (Jesaja 58, 12).

Die Trümmer wieder wohnlich machen. Die »Grundmauern« wieder aufrichten.

Mitten im Chaos eine Lösung zu finden. Aus vielen kleinen Lösungen entsteht dann manchmal etwas Großes.

Trümmer wieder wohnlich machen

Ich bin und war sicher nicht der Einzige, der die Trümmer wieder »wohnlich« machen wollte. Das war ein unausgesprochener Auftrag an die Generation unserer Eltern – und auch an unsere Generation, die Generation der Kriegskinder. Und es ist sicher auch eine Erklärung, warum viele von uns so viel wagten, so viel ihrer Kraft investierten, so viel auf die Beine stellten. Man denke nur an die vielen Unternehmensgründer der Nachkriegszeit.

Ich bin Ingenieur geworden. Das liegt nahe, eignet sich der Beruf doch vortrefflich, um Dinge »wohnlich« zu machen. Gerade dieser Beruf beschäftigt sich mit dem Aufbau von Systemen. Einerseits soll etwas noch besser, noch schneller, noch effektiver funktionieren. Andererseits denkt ein guter Ingenieur nicht nur an das Funktionieren eines Systems. Sondern auch daran wie ich etwas gestalten muss, damit im Falle der Störung und Krise nichts ungeordnet zusammenbricht. Das drohende Chaos meistern ist ein Aspekt, der mich schon immer fasziniert hat.

Ready for Breakdown

Ein Ingenieur denkt schon beim Aufbau eines Systems an dessen Zusammenbruch. Ein Beispiel sind Brücken oder Hochhäuser. Viele kennen vielleicht den Film aus den 1950er Jahren, der eine im Sturm hin und her schwingende Hängebrücke in den USA zeigt, die nach einiger Zeit schließlich zerbirst. Auch ein Wolkenkratzer wird so konstruiert, dass er im Falle einer Zerstörung »geordnet« zusammenbricht. Und auch ein Kraftwerk sollte »geordnet« zusammenbrechen und nicht völlig unkontrolliert, wenn es von einem Erdbeben oder einer Wasserwelle erfasst wird.

Den geordneten Zusammenbruch von Anfang an mitdenken

Der Grund dafür ist einfach: Schadensbegrenzung. Um wie viel gravierender wäre die Zerstörung, wenn das Haus nicht ineinanderfällt, sondern seitlich umkippt – und viele andere Häuser

zerstören würde? Deshalb ist der Zusammenbruch quasi beim Entwurf schon mitgedacht. Das hat nichts mit Pessimismus zu tun oder mit einem unterentwickelten Glauben an die eigene Konstruktion. Winograd und Flores haben diesen Gedanken in ihrem Buch *Understanding Computer and Cognition* dargelegt. Das hat mich in meinem Denken stark beeinflusst. Wenn etwas zusammenkracht, soll es möglichst wenig Schaden anrichten.
Wie gesagt: Es geht nie darum, das Chaos zu beherrschen, es geht darum, es zu meistern. Oft genug werden die Mängel der Systeme erst offenkundig, wenn das System zusammenbricht. Deshalb muss schon bei der Entwicklung von komplexen Systemen gelten: Ready for Breakdown. Denn »unkaputtbar« gibt es nicht. Unser Glaube an die Technik bietet eine trügerische Sicherheit. Doch vor allem wir Ingenieure, Informatiker und Naturwissenschaftler sind leider viel zu oft zu technikverliebt, als dass wir unserer geliebten Technik Böses zutrauen.

»Unkaputtbar« gibt es nicht.

Die computergestützte Technik gibt einem noch mehr das Gefühl, schnelle und genaue Lösungen auch für die kompliziertesten Probleme zu erhalten.
Nicht wenige Studenten und vor allem auch Professoren sind der festen Meinung, wir seien heute in einem Stadium angelangt, in dem alle Probleme technisch lösbar sind. Das ist ein Irrtum. Technische Machbarkeit muss immer auch die jeweiligen Fähigkeiten der beteiligten Menschen berücksichtigen.
Aber zurück zu meinen Grunderfahrungen. Mein Vater arbeitete nach dem Krieg als Ingenieur bei Siemens. Das Land berappelte sich wieder. Man konstruierte, man baute, man er-

möglichte eine Zukunft. Mein Weg schien vorgezeichnet, und doch war er es nicht. Ich habe Elektrotechnik studiert, im Wesentlichen in München. Parallel begann ich dann, auch politische Wissenschaft zu studieren. Das war eine Entscheidung, die mein weiteres Leben stark beeinflusste. Wenn ich nach dem Grund gefragt wurde, habe ich immer gesagt: »*Auf zwei Beinen steht es sich besser.*«

Ich war und bin der Überzeugung, dass die Welt nie nur aus einem Blickwinkel betrachtet werden kann. Sie ist viel zu komplex. Ich kann ein technisches Problem nicht nur als technisches Problem betrachten, weil Technik für Menschen da sein soll. Auf der anderen Seite kann ich nicht einfach technischen Fortschritt ablehnen, wie es viele meiner Altersgenossen taten, nur weil mit dem technischen Fortschritt auch immer Risiken und Zerstörungspotenziale verbunden sind. Ich begab mich also schon während meines Studiums mitten in das Spannungsfeld Mensch und Maschine und ahnte nicht, dass ich da drin bleiben sollte. Und dass ich mich darin bis heute äußerst wohl fühle.

Jede Woche fast ein atomarer Kollaps?

Alles hat eine Vorgeschichte. Nichts passiert zufällig. Vor meinem Studium war ich Mitte der sechziger Jahre zwei Jahre lang bei der Bundeswehr in der Ausbildung zum Nachschuboffizier, zuletzt bei einem Jagdbombergeschwader, und zwar einem Atomwaffengeschwader. Ich war sozusagen mittendrin im Kalten Krieg. Ein Atomwaffengeschwader, das war nicht nur Militär oder Logistik – das war immer auch Politik. Es war der negative Aspekt des »technischen Fortschritts« mit seinem Zerstörungspotenzial.

Europa stand zu diesem Zeitpunkt kurz vor dem atomaren Kollaps. Und zwar jede Woche. Wir haben das in einer furchteinflößenden Regelmäßigkeit erlebt.
Ständig gab es sogenannte Alarmflüge. Wir wussten nie, ob es ein Ernstfall war oder eine Übung. Wir befanden uns in einem Daueralarm. Immer schien die Welt am Rande eines Krieges zu stehen. Immer war die Bedrohung unmittelbar. »Bereite dich auf den Abgrund vor.« Drohten schon wieder Trümmer? Welche Rolle spielten die technischen Möglichkeiten, welche die Politik? Wer beherrscht hier wen? Das wollte ich verstehen. Der rein technische Blick schien mir nicht ausreichend.

Ich will mehr als nur Technik!

Schon im zweiten Semester Elektrotechnik habe ich als Wahlvorlesung Frederic Vester »Vom technokratischen zum kybernetischen Zeitalter« gehört. Der 2003 gestorbene Biochemiker war einer der Ersten in Deutschland, der unter Berufung auf die Kybernetik ein systemisches, vernetztes Denken propagierte. Er sah als Eigenschaften eines Systems ein vernetztes Wirkungsgefüge, in dem die Wechselwirkungen zwischen den Teilen wichtiger sind als die Eigenschaften der einzelnen Teile. Seine Vorlesung war für mich ein Wendepunkt. Danach habe ich das Parallelstudium politische Wissenschaften begonnen. Einerseits faszinierte mich der kybernetische Ansatz, andererseits war mir klar: »Ich will mehr als nur die Technik!« Das grenzenlose Vertrauen in die Technik hielt ich für nicht angebracht.
Bei der Bundeswehr hatte ich erlebt, wie schon damals Kampfflugzeuge vollautomatisch flogen. Alle Probleme schienen technisch lösbar. Wie riskant war das? Wie riskant darf Technik

überhaupt sein? Und wer hatte die Verantwortung? Diejenigen, die die Maschinen entwickelten? Oder diejenigen, die sie einsetzten? Darf alles gebaut werden, was machbar ist? Wo ist die Grenze? Und wer zieht gegebenenfalls Grenzen? Und mit welcher Begründung?

Technik über alles – und wer trägt die Verantwortung?

Früh war klar, dass ich dafür mehr als nur technische Antworten benötigte.
Und früh suchte ich mir Menschen und Vorbilder, die Antworten geben konnten – oder zumindest die richtigen Fragen in die Debatte warfen.
Neben der Erfahrung in einem Jagdbombergeschwader hat mich die Zeit davor an der Logistikoffiziersschule in Hamburg geprägt. Meine experimentelle Prüfungsarbeit enthielt die Aufgabe, einen Munitionstransport mit 40 Lastwagen quer durch Deutschland zu bringen. Wie steuert man einen solchen Nachschubtransport? Als gravierendes Problem dieser Aufgabe erwies sich ein heiß gelaufenes Radlager eines mit Sprengstoff gefüllten Lastwagens. Wegen dieses Radlagers mussten umgehend die Menschen in den umliegenden Orten evakuiert werden. Ein verunglückter Munitionstransporter hätte durchaus eine Katastrophe auslösen können.

Oft hängt alles von der Logistik ab.

Es hat mir gezeigt: Das Funktionieren eines Systems hängt oft von einer vermeintlichen Kleinigkeit ab. Das Erlebnis hat mich

auch tief und emotional mit der Logistik verbunden. Wie werden die Dinge in Bewegung gebracht?
Wie organisiert man intelligent und nachhaltig den Warennachschub?
Wie hält sich ein Organismus durch eine laufende »Nährstoffversorgung« am Leben? Faszinierende Fragen, in gewisser Weise auch globale Fragen. Denn viele Systeme müssen am Laufen gehalten werden. So zog sich neben dem Strang der Kybernetik die Logistik wie ein roter Faden durch mein Leben.

Die Welt als riesiges Uhrwerk?

Im Grunde gab es für mich nie eine eindeutig nur technische Frage und nie eine eindeutig nur politische oder nur emotionale oder nur religiöse Frage.
Geprägt von Frederic Vester habe ich von Anfang an einen systemischen Ansatz verfolgt, der gleichzeitig die Menschen, die Organisation und die Technik in den Blick nimmt. Also das relevante »System«. Das geht aber nur, wenn man vorgezeichnete Wege verlässt. Ein Ingenieursjob bei Siemens oder einem anderen Großkonzern – und da gab es genügend Angebote – hätte mich in meiner Sichtweise eingeengt. Das hat mich nicht gereizt. Weil mir immer etwas gefehlt hätte.
Es gab den Drang, aus dem reinen »Maschinenmodell« auszubrechen. Der Glaube des Menschen, dass die Welt funktioniert wie ein riesiges Uhrwerk, ist alt. Den hat schon der Philosoph René Descartes vertreten.
Aber die Welt als riesiges Uhrwerk ist ein Modell, eine Denkweise, ein Glaube. Dennoch sitzt dieses »Maschinenmodell« bis zum heutigen Tag tief in unserem Bewusstsein – meist als

Gewissheit. Die Erfahrung lehrt uns aber etwas anderes: Die Welt funktioniert nicht so.
In den letzten Jahrzehnten hat sich das Bewusstsein gewandelt, von der Welt als Maschinenmodell zu dem Bild der Welt als einem lebenden, auf den Menschen zentrierten Organismus. Der Begriff »lebende Systeme« gewinnt an Bedeutung.

Auch Organisationen sind lebende Systeme.

Organisationen können also sowohl als Maschinen als auch als »Lebewesen« betrachtet werden. Beide Sichtweisen haben ihren Wert, aber die Sichtweise »Lebewesen« ist wichtiger, wenn man Komplexität meistern will.
Haben die Gesellschaft, die Wissenschaft und die Industrie aus den Erfahrungen der Vergangenheit gelernt? Ich fürchte, eher nein. In einer neuen Welle der Technologisierung spielte zum Beispiel das Schlagwort »Wissensmanagement« in den 1990er Jahren eine zentrale Rolle. Diesem Ansatz zufolge kann mit Hilfe von Wissensingenieuren die spezielle Expertise der Facharbeiter erfasst und in eine Wissensdatenbank eingegeben werden. Wenn dies gelingt, werden die Wissensträger als Person nicht mehr benötigt. Deren Know-how liege sicher in der Datenbank.
Es wiederholte sich der Irrglaube: Die Technik richtet alles. Und fast ein Jahrzehnt hat es gebraucht, bis die Entwicklung (wieder) an dem Punkt war, dass beim Wissensmanagement der zentrale Träger des Wissens mit all seinen Facetten der Mensch ist, der unterstützt wird durch den »Datenträger« Maschine. Der Glaube, mit einer hochpreisigen IT-Software

ließen sich im Grunde alle Probleme eines Unternehmens oder einer Organisation lösen, ist immer noch weit verbreitet. Und nicht wenige IT-Systemberater schüren genau diesen Glauben. Wenn ich in Unternehmen als Berater unterwegs bin, ermutige ich daher gemäß meinem Ansatz: Schaut nicht nur auf die IT! Treibt es nicht zu weit mit eurer Technikliebe! Das trübt den Blick!

Erst der Mensch, dann die Organisation und dann die Technik

Die Technik scheint immer wieder zu dominieren: Wir sammeln Unmengen an Daten und wissen noch nicht einmal, wofür. Wir gehen davon aus, dass wir die Daten später einmal vielleicht benötigen. Wir planen eine gigantische Energiewende, wollen den Strom aus der Nordsee bis Baden-Württemberg leiten, und haben keine Ahnung, wie die Menschen das finden. Wir verlieben uns in ein technisches Projekt und lassen alles andere links liegen, zum Beispiel die Menschen.

Im Kern geht es mir um einen Umstellungsprozess vom falschen Ansatz: »Erst die Technik, dann die Organisation und dann der Mensch« hin zu einem Ansatz: »Erst der Mensch, dann die Organisation und dann die Technik«. Der HOT Approach: »First Human, then Organisation, then Technology«. Wenn es gelingt, diese drei Elemente in der richtigen Reihenfolge nachhaltig zu vernetzen, also systemisch zu denken, dann lassen sich viele komplexe Schwierigkeiten vergleichsweise geschickt lösen. Mit kleinen Lösungen, von denen ich Ihnen im Buch einige exemplarisch vorstellen werde. Beispiele, bei denen der Glaube an die teure IT-Lösung fast die naheliegende Lösung übertrumpft hätte. Oder bei denen Probleme mit wenigen, aber richtigen Worten gelöst werden könnten. Oft reicht ein Satz. Oft muss nur ein Handgriff anders vorgenommen werden. Oft sind es wenige Zentimeter. Es liegt so nahe. Doch wir haben es verlernt, den kleinen Lösungen zu trauen. Wir haben uns an gigantische Lösungen gewöhnt. Wir glauben zu oft an den »großen Wurf«. Ich habe gelernt: Lieber tausend kleine Schritte als einen großen Big Bang. Dann gelingt in Summe auch ein großer Wurf.

Der HOT Approach: First Human, then Organisation, then Technology

Die wirklich nachhaltigen technischen Entwicklungen, die heute noch unsere Arbeiten in Industrie und Produktion prägen und verändern, sind meines Erachtens diesem Ansatz gefolgt. Und wenn wir nicht den Menschen an die erste Stelle setzen, werden wir auch in Zukunft Ideen wie die des selbstfahrenden Autos oder des flächendeckenden Einsatzes erneuerbarer Energien nur schwer umsetzen können. Technische Neuerungen müssen von Anfang an die Menschen und Organisation einschließen – nur so haben sie Durchsetzungskraft und dann auch Akzeptanz.

Wir handeln oft wie Frischverliebte: Wir sehen nur das Rosarote und die ungeahnten Möglichkeiten, aber selten potenzielle Mängel oder Probleme.

Gelingt es aber Mensch Organisation und Technik gemeinsam zu denken, dann ist dies ein entscheidender Schlüsselfaktor für Deutschland. Ein Faktor mit Potenzial als Exportartikel. Man denke hier nur an Großprojekte wie die bereits erwähnte Energiewende, die ein systemisches Denken voraussetzt, die nicht ohne den Menschen gedacht werden kann. Gelingt es uns, dieses

Projekt systemisch umzusetzen – und nicht nur rein technisch –, dann könnten wir eine ganz besondere Fähigkeit exportieren: in Systemen zu denken und komplexe Systeme zu entwickeln. Und mit vielen kleinen Lösungen das Große zu entwickeln.

Neue Exportartikel aus Deutschland

Wenn Ingenieure und Naturwissenschaftler von Anfang an nicht nur das »technische System« sehen, wenn Betriebswirte und Controller sich von dem Glauben lösen, alles über Zahlen zu beurteilen und zu steuern, und wenn Sozial- und Geisteswissenschaftler parallel dazu auch noch ihre Technikskepsis aufgeben – dann kann es funktionieren. Dann haben auch hiesige Großprojekte wie die Energiewende das Potenzial, als »Exportartikel« weltweit vermarktet zu werden. Wenn wir sie mit vielen kleinen Lösungen verwirklichen.

Die Energiewende exportieren

So, wie wir schon lange viele kleine Lösungen mit großem Erfolg exportieren. Gerade darin sind wir ja Weltmeister. Mit Dichtungen, Ventilen, Schrauben, Kolben. Weil wir viele kleine Komponenten so gut entwickeln und produzieren, sind wir so stark im Weltmarkt. Kleine Lösungen für große Probleme.
Genauso haben wir im Ruhrgebiet in den vergangenen Jahrzehnten etwas Enormes geleistet: einen Strukturwandel. Mit vielen kleinen Lösungen. Schritt für Schritt. Die Region stand für Bergbau und Stahlindustrie. Darauf begründete sich die Existenz der Firmen und ihrer Arbeiter. Das bestimmte auch das Selbstverständnis der Menschen. Inzwischen hat sich das Ruhr-

gebiet in eine Ansammlung vieler Dienstleistungszentren und neuer Industrien gewandelt. Die Industriekerne sind bewahrt worden, entgegen den weltweiten Trends. Aber es gibt neue Arbeit, es herrscht ein neues Denken – und ein neues Selbstverständnis. Dieser Strukturwandel ist eine enorme Leistung. Es verdient größten Respekt, was die Menschen dort auf den Weg gebracht haben. In vielen kleinen Schritten. Das kann man im Grunde nicht oft genug sagen.

»Enabled by Germany« hat Zukunft.

Wir neigen in Deutschland ja dazu, unsere Erfolge nicht gebührend zu feiern, sondern in falscher Bescheidenheit kleinzureden. Viele motiviert eher die Suche nach einem noch in der Suppe befindlichen Haar. Selten finden wir etwas uneingeschränkt gut. Ich finde den Strukturwandel beeindruckend – und sehe darin auch Exportpotenzial, beispielsweise für die sogenannten Megacitys dieses Planeten, die aus allen Nähten platzen – und dringend einen Strukturwandel benötigen. So könnten wir beginnen, um es überspitzt zu formulieren, nicht nur Schrauben zu exportieren, sondern Systeme und Konzepte. Problemlösungen für die Megaprobleme dieser Welt.
So ließe sich das von uns allen sehr geschätzte und stolz vertretene »Made in Germany« künftig noch mehr zu einem »Enabled by Germany« entwickeln.
Hier liegt viel Potenzial für Arbeit und Wachstum. Und davon könnten wir auch in Zukunft gut leben.

Wenn man vom eigenen Schnarchen aufwacht

Der umfassende und möglichst vollständige Blick auf Systeme ist ein Lebensthema. Ich habe über Mensch-Maschine-Systeme promoviert und über die Entropie in der Systemtheorie habilitiert. Neben meiner Tätigkeit als Institutsleiter an der RWTH Aachen, wo ich später auch Dekan der Fakultät für Maschinenwesen war, habe ich parallel ein Institut für Unternehmenskybernetik übernommen und weiterentwickelt.

Unternehmen sind vor allem lebende Systeme.

Auch Unternehmen sind lebende Systeme, in denen Informationen und Ressourcen durch komplexe Prozesse zu Waren oder Dienstleistungen werden. Diesem Denken liegt der Geist der Kybernetik zugrunde. Die Kybernetik lehrt vor allem, wie man in großen Systemen durch kleine Steuersignale das Große beeinflussen kann. Allerdings nur, wenn man das Große verstanden hat, nicht nur in seiner Funktionsweise, sondern auch in den Wechselwirkungen seiner Teile. Die Kybernetik hat mich geprägt. Wenn ich gefragt werde, was Kybernetik eigentlich ist, sage ich gerne: »Kybernetik ist, wenn man vom eigenen Schnarchen aufwacht.«

Das heißt: Die Dinge, die man irgendwie anstößt, fallen einem oft irgendwie wieder auf den Kopf, meistens »von hinten«. In der Kybernetik sind das die gefürchteten NRFs, die Neben-, Rück-, Fernwirkungen. Und die sind häufig stärker als die beabsichtigten Effekte. Und sie sind oft nicht nur stärker, sie sind darüber in komplexen Situationen grundsätzlich nicht prognostizierbar. Und kybernetische Wirkungen finden wir überall.

Sie müssen bereit sein zu scheitern

Viele der Fragen zur Machbarkeit, zu Mensch und Technik rühren auch aus meinem christlichen Verständnis. Dabei erlebe ich mich als Wanderer zwischen verschiedenen Konfessionen, gleichzeitig als »Katholik und Protestant«. Ich halte mich für einen sehr gläubigen Menschen. Ich glaube an Jesus Christus und seine Gegenwart in unserem Leben und meine daraus abgeleitete Verantwortung als freier Mensch. Unter diesem Blickwinkel hat mich viele Jahre die Frage beschäftigt, ob ich es als Christ verantworten kann, Ingenieur zu bleiben – noch dazu manchmal im rüstungsnahen Bereich. Ich bin Ingenieur geblieben. Aus Überzeugung, aber immer auf »zwei Beinen« stehend, mit der Perspektive der Ingenieur- und Naturwissenschaften einerseits und der Politik- und Sozialwissenschaften andererseits.

1985 war für mich ein entscheidendes Jahr. Zum einen sollte ich an der RWTH Aachen ein interdisziplinäres Institut übernehmen, in dem Sozialwissenschaftler, Geisteswissenschaftler, Ingenieure und Naturwissenschaftler zusammenarbeiten. Zum anderen traf ich einen bemerkenswerten Mann, den Physiker und Philosophen Carl-Friedrich von Weizsäcker. Dieser bekam die Ehrenprofessur an der RWTH Aachen. Ich hörte seinen Vortrag und war fasziniert. Er hatte ebenfalls einen interdisziplinären Ansatz versucht, gemeinsam mit dem Philosophen Jürgen Habermas. Mit dem Mann solltest du mal reden, dachte ich mir, und bin dann als frischgebackener Professor zum Podium, habe ihn angesprochen, meine Situation geschildert und um einen Termin gebeten. Seine Antwort: »Wir können jetzt gleich reden, ich habe zwei Stunden Zeit, führen Sie mich an einen Platz, wo uns niemand sieht.«

Ich bin dann in ein chinesisches Restaurant mit ihm gegangen. Wir haben in einer Nische gesessen und ein sehr langes Gespräch geführt. Ich berichtete von meinem Ansatz, von der Kybernetik, von meinem Willen, interdisziplinär zu arbeiten. Ich erzählte von meinen Zweifeln. Er hörte sich alles geduldig an. Und er gab mir schließlich einen Rat: »*Wenn Sie mit Ihrem interdisziplinären Ansatz nicht bereit sind zu scheitern, dann suchen Sie sich sofort einen neuen Job.*«

Manchmal braucht man jemanden, der eine Sache auf den Punkt bringt.

Wozu sind Sie da? Machen Sie es! Seien Sie ein Unternehmer! Gehen Sie es an!
Seien Sie bereit zum Scheitern – oder lassen Sie es! Sie wollen sich zwischen alle Stühle setzen, dann müssen Sie es auch aushalten, dass es nicht nur gemütlich zugeht.
Ermutigt von diesen Worten blieb ich für die nächsten 25 Jahre zwischen den Stühlen sitzen. Da gefällt es mir am besten. Da gibt es viele kleine Lösungen. Das entspricht mir wohl auch am ehesten, dass ich nicht so genau auf den einen und nicht auf den anderen Stuhl passe. Dass ich beispielsweise als Elektrotechniker ein Institut im Maschinenbau leitete, ist nur ein Beispiel für das Dazwischensein. Als Mensch und Christ sitzt man in der Regel auch »dazwischen« – hin- und hergerissen zwischen der Realität des Lebens und den Leitgedanken der Bergpredigt.
Für mich ist klar: Mensch und Christ sein, das gehört untrennbar zusammen. Sowohl in meiner Professorentätigkeit als auch in meiner Beratertätigkeit für die OSTO®-Systemberatung, die

meine Frau seit 1992 aufgebaut hat und durch die seitdem viele Unternehmen und Organisationen beraten und begleitet werden. Das Unternehmen gehört heute zur P3 Group, einem weltweit präsenten Beratungsunternehmen.

16 Kinder und beide Eltern berufstätig – das geht

Es ist etwas Unternehmerisches in mir, und etwas – ich will es einmal Missionarisches nennen. Und das reicht wohl weit in unsere Familienhistorie zurück. Mein Urgroßvater mütterlicherseits, der seine Frau im Alter von 16 Jahren heiratete, war Mitglied der Basler Mission, die damals eine große Missionsstation in Indien aufbaute. Den Aufbau der Missionsstation überließ er dann aber seiner Frau. Er baute unterdessen in der Umgebung der Missionsstation fünf Fabriken auf. Missionieren ist ja schön und gut. Aber die Absolventen der Missionsstation müssen anschließend auch in Lohn und Brot. Offenbar war ihm bewusst, dass zum Menschsein nicht nur Sinn gehört, sondern auch Arbeit und Absicherung.

Die beiden hatten übrigens, so ist es überliefert, 16 Kinder, von denen sich immer nur die jüngsten drei in Indien aufhielten. Die älteren wurden nach Deutschland zurückgebracht und wuchsen bestens in der Verwandtschaft auf.

Eine christliche Familie, in der beide Eltern voll berufstätig waren mit insgesamt 16 Kindern! Für mich habe ich aber in meinem Urgroßvater eine Spur von mir selber entdeckt: Mitten in der Welt und ihren Problemen sein und die Verhältnisse verbessern ist die eine Seite der Medaille. Aber gleichzeitig Räume schaffen, in denen Menschen die Gegenwart Gottes finden können, ist die andere Seite der Medaille.

Die Kunst der kleinen Lösung

Vor diesem Hintergrund, sehr geehrte Leserin, sehr geehrter Leser, möchte ich Ihnen in den folgenden Kapiteln zeigen, wie man lernen kann, die Komplexität und Dynamik zu meistern – und das mit einem kleinen Detail. Mit einer kleinen Lösung. Die ausgesuchten Beispiele stammen überwiegend aus Tätigkeiten, die ich im Laufe meines Lebens ausgeübt habe oder an denen ich beteiligt war. Sie spiegeln in gewisser Weise mein Dasein als Wanderer zwischen den Welten wider. Doch sie haben immer eines gemeinsam: Die meisten komplexen Situationen lassen sich, wenn überhaupt, nur mit kleinen Lösungen meistern.

Das habe ich sowohl als Hochschulprofessor, als Dekan, als Unternehmer, als Berater, als Christ in katholischer, evangelischer oder freikirchlicher Umgebung – und nicht zuletzt als Mensch gelernt. Die Lösungen sind oft kleiner als gedacht. Und es ist eine Kunst, sie zu erkennen und so Komplexität zu meistern.

Je komplexer die Lage ist, desto mehr ist es notwendig, aus der Vielzahl von Möglichkeiten die kleinen Eingriffe zu entdecken, die hoffentlich die gewünschte Wirkung auf das Ganze haben. Und nicht noch 100 unerwünschte Nebenwirkungen.

Es zieht sich durch mein Leben, dass viele Dinge, die wir groß machen, die uns unüberwindlich scheinen, die sich vor uns auftürmen, sich doch lösen lassen. Schneller, pragmatischer und ungewohnter als gedacht. Und es gilt, die Kombination von Komplexität und Dynamik auszuhalten, gerade wenn man sie nicht ändern kann.

Für dieses Buch habe ich in meinem Leben gesucht. Gefunden habe ich kleine Geschichten, überraschende Wendungen – und immer wieder Menschen, die geschickt gehandelt haben. Darin möchte ich jeden bestärken: Es lohnt sich, den Kampf, Komplexität zu beherrschen, aufzugeben – den gewinnt man sowieso nicht. Es lohnt sich aber, Komplexität zu meistern – unter Menschen und in Organisationen.

Je komplexer die Lage, desto bedeutender werden die kleinen Eingriffe.

In jedem Einzelnen stecken großartige Potenziale, die den Weg bereiten für kleine Lösungen. Klein in der Umsetzung, aber groß in der Wirkung. Diese Erfahrungen möchte ich mit Ihnen teilen. Ich freue mich über Ihr Interesse. Viel Vergnügen beim Lesen.

II. WEGE ZU KLEINEN LÖSUNGEN

1. »DAS ESSEN IST KALT!«

Wie durch eine kleine Lösung bei der Essensversorgung 300 000 Euro IT-Kosten eingespart werden konnten

Das Essen ist kalt. Auf den Stationen eines Universitätsklinikums kam das Essen kalt beim Patienten an. Ob Chirurgie, Innere oder Onkologie – jeden Tag das Gleiche. Schnitzel: kalt. Kartoffeln: kalt. Brokkoli: kalt. Zwei Drittel aller Speisen waren kalt, musste die Klinikverwaltung einräumen. Bei rund 600 Essen täglich ein peinlicher Zustand. Und nicht nur das, es war ein echtes Problem.

Im Grunde ist es ein simpler Vorgang: Das Essen wird gekocht, kommt aus der Küche, wird auf Teller, Schalen und Tabletts gelegt, diese kommen in silberfarbene Essenswagen, und die wiederum werden im Haus verteilt.

Doch dann verlor sich die Spur. Die Essenswagen mit den gestapelten Tabletts standen herum, weit mehr als eine Stunde. Jeden Tag kamen die Menüs nicht rechtzeitig zum Patienten. Das sorgte für Verdruss. Aber keiner fühlte sich verantwortlich. Keiner wusste, wie lange die Dinger schon auf den Gängen parkten. Keiner wusste irgendwas. Und wenn das Tablett dann endlich vor dem Patienten stand, das alte Lied: Schnitzel: kalt. Kartoffeln: kalt. Brokkoli: kalt.

Die IT-Lösung war praktisch schon bestellt

Der Vorstand meldete sich bei uns. Wir sollten ein Auge darauf werfen. »Woran liegt das?«, wollte der Vorstand wissen. »Das kann doch nicht sein.« Die Beschwerden würden sich häufen. Pflegepersonal und Patienten seien verärgert. Kein Ruhmesblatt für ein Universitätsklinikum. Man wurde unruhig. Das Essen ist ohnehin immer ein Streitpunkt im Krankenhaus. Aber sie hatten schon eine Idee: Für 300 000 Euro wollte man eine neue Software installieren. Diese sollte die Kostlieferung logistisch auf Vordermann bringen. Die IT-Spezialisten hätten ihnen eine sehr gute Lösung vorgeschlagen, hieß es: Eine Essenslogistik-Software, die registriert, wann das Essen die Küche verlässt, wo es sich befindet, wer es bekommt, wann es gegessen wird. Alles ließe sich wunderbar nachvollziehen. Sie waren fast entschlossen, die Software zu installieren. Doch vorher hatte sich der Vorstand bei uns gemeldet. Sie wollten die Sache noch einmal auf den Prüfstand stellen. Wir waren bereits in einigen Krankenhäusern und Gesundheitszentren als Berater tätig und hatten mehr als einmal erlebt, wie die Komplexität einer Klinik Management und Mitarbeiter an den Rand der Verzweiflung bringen kann.
Im genannten Fall war das komplexe System »Essensversorgung« enorm ins Wanken geraten. Wir als systemische Berater sollten analysieren, was los war und wie das Essen schlussendlich warm und genießbar zum Patienten kommen kann.

»Warum ist das Essen kalt?« Das war also die Frage, der wir im Team nachzugehen hatten. Wir machten ins in der Klinik auf die Suche nach Antworten. Gleich zu Beginn unseres Einsatzes stießen wir in den 15 Einzelkliniken auf eine Menge Mythen und Märchen, die im Umlauf waren, was das Essen betraf. Natürlich bekamen wir auch Handfestes zu hören: »Die in der Küche schlafen«, hieß es auf den Stationen. Damit war die Richtung klar: Schuldzuweisung. Und so ging es weiter. »Wir machen das Essen pünktlich fertig, der Transportdienst ist zu blöd, die Wagen auszuliefern«, sagten die Köche. Die Küche hatte also auch keine Schuld. Die Schwestern und Pfleger hatten grundsätzlich die Pflegeschüler und Azubis im Verdacht. Die wiederum konnten sich nicht wehren.

Einfache Frage: »Warum ist das Essen kalt?«

Und wenn sich die Ärzte wiederholt die Klagen von Patienten und Angehörigen anhören mussten und sie nicht auch noch mit kaltem Essen behelligt werden wollten, beschimpften sie später den Pflegedienst auf der Station – und der wiederum in guter Tradition die anderen Abteilungen: »Auf der Inneren läuft doch vieles nicht richtig – wie immer.« Kurz und gut: Immer sind die anderen schuld.

Keiner hat Schuld – trotzdem ist das Essen kalt

Das habe ich als Berater häufig erlebt: Niemals ist die eigene Berufsgruppe schuld. Niemals! Egal ob im Krankenhaus oder in einem Unternehmen. Die Ingenieure geben den Kaufleuten

die Schuld. Die Kaufleute den Juristen. Die Vertriebler dem Innendienst. Die Produktionsleute den Entwicklern. Die Ärzte den Pflegern, die Pfleger und Ärzte der Verwaltung. Die Verwaltung dem Vorstand. Der Vorstand dem Betriebsrat.
Es gibt immer eine Menge Schuldige. Aber leider ganz selten einen Verantwortlichen. Es sind immer erst mal die anderen. Und das wird heißblütig verteidigt. Mit dieser Emotion muss man umgehen, da muss man als Berater erst mal die Ruhe bewahren, sonst wird man konfus. Alles brav anhören, nicken, zum Nächsten gehen. In dieser Situation ist die Lösung weit. Solange das gegenseitige Schuld-in-die-Schuhe-Schieben die vorherrschende Kultur ist, gibt es keine Lösung und schon gar nicht eine elegante »kleine Lösung«.

Solange jeder dem anderen Schuld gibt, ist eine Lösung weit weg.

In unserem Beispiel hatte diese Phase vor allem die eine Folge: Es gab immer noch kein warmes Essen! Nachdem wir uns alles angehört hatten, niemand etwas dafür konnte und offenbar jeder alles richtig machte, standen wir noch immer vor der Frage: Warum schaffen es die Essenswagen nicht rechtzeitig auf die Stationen? Wo im System ist der Haken? Warum ist das Essen kalt?
Nun musste – im wahrsten Sinne – alles auf den Tisch. Es war an einem heißen Sommertag, draußen brannte die Sonne. Wir saßen in einem klimatisierten Konferenzraum bei zu kühlen 18 Grad und suchten nach Ursachen. Was ist mit dem Essen? Wir hatten gute, weniger gute und auch spleenige Ideen. Wir diskutierten eine ganze Zeit. Dann hatte einer meiner jungen

Kollegen eine recht simple Idee, um herauszufinden, woran es liegen konnte. Er sagte: »*Wir kleben einfach einen Zettel an die Essenscontainer, schreiben drauf, wann sie die Küche verlassen haben.*« Neben der Uhrzeit, so seine Idee, sollte noch notiert werden, dass »das Essen 45 Minuten warm ist«. Das klang simpel. Wir stimmten sofort zu und machten das.

Folgender Text kam auf Papier, das auf die Essenswagen geklebt wurde: »Aus der Küche: 11.05 Uhr. Das Essen ist 45 Minuten warm.« Die Idee kam bei allen gut an. Auf diesem Weg betrieben wir also Ursachenforschung. Wir waren sicher, jetzt konnten wir forschen: Wo stockt es? Wo stehen die Wagen? Wie lange stehen sie dort? Und vor allem: Warum?

Das Essen ist 45 Minuten lang warm.

Auf diese Weise, so war der Gedanke, können wir nachvollziehen, wo es hakt, wo man ansetzen muss. Also stellten wir uns wenige Tage später zur Mittagessenszeit an das Ende des Fließbands der Küche. Wir warteten, bis alle Tabletts im Essenscontainer verstaut waren. Dann klebten wir einen unserer Zettel mit Tesafilm auf den Wagen, schrieben die Uhrzeit drauf, ergänzt durch den Satz: »Das Essen ist 45 Minuten warm.« Wir machten das ganz klassisch: mit Stift und Papier. Alles kein großer Aufwand. Als wir fertig waren, hatten alle Container einen Zettel. Und dann ging es los.

Was dann geschah, verblüffte alle Beteiligten. Vor allem auch uns.

Ohne einen Plan. Ohne Meetings. Ohne Rundmails

Es dauerte nicht lange, und das Essen kam warm bei den Patienten an.

Warm. Innerhalb kürzester Zeit war das Problem gelöst.

Was war geschehen? Was war denn da passiert? Alle waren verblüfft.

Aber es war offensichtlich: Es hatte sich etwas geändert. Ohne eine Anordnung. Ohne einen Plan. Ohne Meetings. Ohne Rundmails. Ohne eine einzige Software.

Wenn die Suche nach der Lösung schon zur Lösung wird

Und das hatte einen einfachen Grund: Die Suche nach der Lösung kann bereits die Lösung sein. Und es ist ein Beispiel für die Kunst der kleinen Lösung.

Was genau war geschehen?

Inmitten der hochkomplexen Logistik und Technologie der Klinik zeigte sich plötzlich eine vernachlässigte, aber im entscheidenden Augenblick doch absolut zuverlässige multifunktionale Lösungssoftware: der Mensch. Der Mensch, der lesen kann und ohne Anleitungen plötzlich zu denken beginnt …

Mit einem Mal wurden die Container wahrgenommen, wurden die Zettel gelesen. Ein Papierzettel, mit Klebeband am Wagen befestigt, versehen mit zwei zentralen Botschaften. Erstens: Kochzeit, zweitens: »Das Essen ist 45 Minuten warm.« Das reichte.

Es reichte, einen Zettel auf einen Wagen zu kleben

Wir nehmen oft große Worte in den Mund, sprechen vom »Paradigmenwechsel«, vom »Kulturwandel« oder »Mentalitätswandel«, wenn sich etwas ändern soll. Manchmal reicht es jedoch, einfach einen Zettel auf einen Essenscontainer zu kleben, und das Verhalten der Menschen ändert sich, ja, sie werden verantwortungsbewusster.

Aber was war passiert? Der Reihe nach. Die Essenswagen mit den Zetteln wurden also ausgefahren. Und dann machten alle etwas ein bisschen anders als sonst: Auf einer Station verlegte der Chefarzt seine Visite, damit das Essen noch innerhalb der 45 Minuten verteilt werden konnte. Man hatte festgestellt, dass Mahlzeit und Chefarzt-Visite kollidierten. Auf der zweiten Station begannen die Reinigungskräfte damit, den Wagen vom Aufzug zur Station zu schieben. Sie konnten einfach nicht mit ansehen, dass da Essen kalt werden sollte. Ein Blick auf die Uhr genügte, und jedem war sofort klar, was los war.

Auf der dritten Station hatten die Patienten auf das Anrollen des Essenswagens geachtet, immer ein Patient schob von nun an »Wache«. Auf der vierten Station hatten die Pflegekräfte ihre übliche Mittagspause verlegt, weil jetzt klar war, wann und wie schnell das Essen weggebracht werden muss. Damit wir uns richtig verstehen: Die Information war der Zettel auf dem Wagen. Sonst nichts.

Die Suche nach den Ursachen löste das Problem

Es war für jeden nur ein Handgriff, nur eine kleine Korrektur. Viele Menschen, viele Angestellte des Krankenhauses, Ärzte, Ärztinnen, Pfleger, Schwestern, Helfer hatten den Zettel gele-

sen. Ein Zettel, der zu nichts aufforderte. Der eigentlich kein Handeln verlangte. Es stand nur darauf, wann gekocht wurde und wie lange das Essen warm ist, nämlich 45 Minuten. Nichts Besonderes also. Und doch war das Problem gelöst.
Die Ursachenforschung war gleichzeitig die Problembehebung. Eine kleine Lösung für ein großes komplexes Problem. Ein Zettel, keine Software.
Und die Klink hatte 300 000 Euro gespart.
Der Mensch hatte die Technik überholt. Statt das Problem technisch und damit immer auch aufwendig zu lösen, hatten wir es sozusagen menschlich gelöst.
Wir hatten die Komplexität mit einer einfachen Lösung gemeistert. Das ist systemische Beratung. Das ist die Kunst der kleinen Lösung. Gerade wenn die Probleme groß und komplex sind.
Der Mensch, das habe ich in den vergangenen Jahren oft genug erlebt, ist nicht selten das fehlende Teil im Puzzle. Es gibt die Fälle, da behindert der Mensch durch menschliches Verhalten eine Lösung, und es gibt die Fälle, da löst sich der Knoten durch die Einbindung des Menschen. Aber man darf ihn nie aus dem Blick verlieren.
Trotzdem trauen wir dem Menschen immer weniger. Wir trauen ihm nicht über den Weg. Wenn er nicht eingebunden ist in eine IT-Infrastruktur, erscheint uns der Mensch unberechenbar, schräg, kaum zu navigieren. Obwohl gerade der Mensch sehr oft mit viel Ideenreichtum und einer ihm eigenen Vielfalt das Problem angeht, wie im gezeigten Fall. Der Mensch trägt oft die Lösung in sich – und wir lassen sie nicht heraus.
Wir sind oft dem technischen Lösungsansatz verfallen. Warum eigentlich? Ich als Ingenieur weiß das von mir selbst: Wir wol-

len Technik, weil es einfach unglaublich reizvoll ist, eine neue Technik zu entwerfen und zu bauen.

Den Menschen etwas zutrauen

Erliegen wir diesem Reiz, lassen wir uns von nichts und niemandem aufhalten. Tatsächlich aber steht sie uns nicht selten im Weg, unsere Technikverliebtheit. Auf der einen Seite ist die deutsche Ingenieurskunst unser ganzer Stolz. Das ist das, was die Welt von uns kennt, von uns will. Das sind unsere Exportschlager. Damit haben wir nicht zuletzt auch unseren Wohlstand begründet. Die Kehrseite ist die fast schon ungezügelte Liebe zur Technik. Kopflos, im wahrsten Sinne blind vor Liebe stürzen wir uns in Aufgaben und trauen der Technik in dieser Hochphase der Liebe alles zu – vor allem nur Gutes. Wir überhöhen die Technik wie ein frisch verliebter Teenager seinen Schwarm. Wir haben Schmetterlinge im Bauch, wenn von ferne eine technische Lösung winkt – und verlieren dabei den Blick auf den Menschen. Auf den Menschen, der diese Technik nutzen soll. Und das sage ich als Ingenieur.

»Mit der Technik bin ich ein Problem los«

Die IT oder neue Technik werden oft als Lösungsansatz gehandelt, damit man »das Problem« ein für alle Mal los ist. Dahinter steckt aber nicht nur Technikverliebtheit. Dahinter steckt der Glaube, dass eine Organisation wie eine Maschine funktioniert und wenn die »Zahnräder« nur alle gut ineinandergreifen und aufeinander abgestimmt sind, dann läuft auch alles. Vor allem hat man sich dann der Verantwortung entledigt. Die Führungskraft denkt: »Mit der Technik bin ich ein Problem los.« Der Mitarbeiter denkt: »Schon wieder Technik, aber gut, dann läuft es.« Viele sind dankbar für die technische Lösung. Oft ist die technische Lösung, die neue Software, aber sehr teuer. Und bei der Installation der Software sagt der IT-Manager, dass die auftretenden Probleme »in der nächsten Version behoben werden«. Und bei der nächsten Version sagt er es wieder. Und der Mitarbeiter, dem halbjährlich mitgeteilt wird, dass bei der nächsten Software »alle Fehler behoben« werden, nimmt die Technik auch nicht mehr ernst.

Meine Erfahrung ist, dass es oft einen besseren Weg gibt. Indem man durch kleine organisatorische Eingriffe den beteiligten Menschen mehr Bewusstsein über das Problem verschafft. Und wenn sie das dann nicht nur zur Kenntnis nehmen, sondern sogar bereit sind, selbsttätig und spontan Handlungen auszuprobieren, dann kann eine Problemlösung überraschend einfach sein. Und wesentlich preiswerter.

Lassen wir uns nicht immer blenden von der Technik. Das gilt im Übrigen nicht nur für ein verhältnismäßig kleines Problem wie die Essensversorgung in einer Universitätsklinik. Auch ein Großprojekt wie Stuttgart 21 ist ein Beispiel für Technikverliebtheit. Auch da hat die Planer und Verantwortlichen ganz stark die Liebe getrieben. »Ein unterirdischer Bahnhof!« »Unterirdisch!« »Das ist überirdisch.« »Eine Magistrale von Paris nach Budapest!« »Magistrale!« Aber die Beteiligten haben die Komplexität und Dynamik unterschätzt. Und dass es nicht nur um den Bahnhof geht, sondern um Haltungen und Empfindungen von Bürgern. Um Zeitströmungen. Um politische Stimmungen. Die Frage, ob die Menschen in der Region diesen Weg mitgehen und den Bahnhof und die damit verbundenen Umwälzungen in der Stadt mittragen, blieb auf der Strecke. So etwas bekommt man aber auch mit einer noch so gut organisierten Planung nicht heraus.

Und plötzlich waren die Betroffenen enttäuscht von den Menschen: »Die Bürger hätten sich ja früher melden können.« Tendenziell sogar ein bisschen beleidigt: »Die begreifen gar nicht, was für ein Gewinn das für die Stadt wird.«

Menschen einbinden und zu Mitgestaltern des Prozesses machen

Das ist es, was ich meine. Es reicht nicht, über die betroffenen Menschen zu sprechen. Die betroffenen Menschen müssen zu Mitgestaltern des Prozesses gemacht werden. Von Anfang an. Wenn Stadt, Land und Bahn es verstanden hätten, die Menschen in Stuttgart frühzeitiger und viel umfassender jenseits aller Planfeststellungsverfahren einzubeziehen und Fragen zu stellen, die alle betreffen, Fragen wie: »Wie überlebt die Region?« – »Wie wichtig ist der Verkehr für das Überleben der Region?«, dann wären die Stuttgarter vermutlich nicht so vehement auf die Barrikaden gegangen. Man hatte sich gegen die Intelligenz des Menschen entschieden und für die Überlegenheit der Technik. Und das geht selten gut.

Und wieder sind wir im siebten Himmel

Es ist ein Widerstreit, den ich seit Jahren erlebe. Oder besser: ein Widerstreit, an dem ich mich seit Jahren abarbeite. Ich bin ein technisch orientierter Mensch. Aber wenn man sich einen Weg durch komplexe Systeme bahnen will und das Problem systemisch betrachtet, ist auffällig, wie wenig der Mensch als denkendes und handelndes Wesen einbezogen ist. Und wie blind wir oft der Technik folgen.

Auch bei der beschlossenen Energiewende in Deutschland macht uns die Technikverliebtheit einen Strich durch die Rechnung. Wir waren im siebten Himmel, träumten davon, wie der Wind über fantastische Offshore-Windparks in der Nordsee die Energie liefert, die dann quer durch Deutschland transportiert wird, um in Bayern und Baden-Württemberg genutzt zu werden. Bei allem Respekt vor der nachvollziehbaren Entscheidung, langfristig auf erneuerbare Energiequellen zu setzen, so waren wir doch wieder viel zu emotional. Die Technik, unsere geliebte Technik wird es wieder richten.

Jetzt sind wir in der Phase der Ernüchterung nach dem ersten Liebesrausch.

Der Mensch, also der Bundesbürger, hat ein großes Problem damit, dass die Stromtrassen quer durch das Land, im schlimmsten Fall sogar direkt durch seinen Garten führen. Da ist von Liebe keine Spur.

Keine Frage: Die Liebe ist ein wunderbares Gefühl. Aber Technikverliebtheit kann nur am Anfang stehen. Der Blick für das Ganze führt zu einer »reifen« Liebe: zu den Menschen, zu den Organisationen und zur Technik. Damit das ganze System in seiner ganzen Komplexität und Dynamik nicht ins Wanken gerät. Und der erste Schritt ist immer, das »Problemsystem« zu beobachten. Schon allein die Beobachtung eines Systems verändert sein Verhalten.

Mit einer kleinen Störung beginnt die Diagnose

Das ist Regel Nummer eins: Schauen Sie genau hin! Dann finden Sie die Lösung. Die gute Lösung. Die kleine Lösung. In dem erzählten Beispiel war es ja nicht unsere Absicht, durch die Zettel »Das Essen ist 45 Minuten warm« schon die Lösung zu finden. Es war eher unsere Annäherung an das Problem. Allerdings wollten wir damit nicht nur »messen«. Unsere Absicht war es auch, das System ein wenig zu »stören«. Eine kleine Störung eines eingefahrenen Ablaufs schafft das Fundament für eine gute Diagnose des Systems.

Schon allein die Beobachtung eines Systems verändert sein Verhalten.

Und wir vertrauten darauf, Anregungen von den beteiligten Menschen zu erhalten, wie das Problem gelöst werden könnte. Ich halte nichts davon, eine Lösung überzustülpen, also top-down zu erklären, wie es zu laufen hat. Damit entgehen einem nicht nur die wertvollsten Ideen, es funktioniert schlichtweg nicht. Jedes Problem hat seine eigene Komplexität. Um die zu durchschauen, brauchen Sie den Hinweis der mit dem Problem vertrauten beziehungsweise der unter dem Problem leidenden Mitarbeiter. Und dann empfehle ich, zu stören, ein »bisschen im Weg zu stehen«. Unsere »Störgröße« – also der Zettel – initiierte ja nichts weniger als einen Lern- und Innovationsprozess.
Untersuche und beobachte komplexe Systeme stets so, dass die beteiligten Akteure durch die Beobachtung von selbst – eigenwillig und eigenständig – eine Lösung in die Wege leiten können.

Das sollten Sie tun, bevor Sie das teure IT-System einführen. Oder andersherum: Wenn Sie erst das IT-System einführen, dann wird es in der Regel danach noch teurer, weil das IT-System bei einem lebenden System nie ausreichend oder vollständig »verstehen« kann, wie das System wirklich funktioniert.

2. DIE RICHTIGE MUTTER

Wie die Suche nach einem Ersatzteil zeigt, worauf es ankommt: auf Logistik, auf Details – und auf einen klaren Blick im Chaos

Wenn es etwas gibt in meinem Leben, was mir in vielerlei Hinsicht den Weg bereitet hat, ist das sicher auch die Erfahrung beim Militär. Einerseits hatten wir damals alle die Erfahrung der Trümmer in den Knochen, kaum ein junger Mensch meiner Generation, der als Kind oder als Kleinkind nicht Gewalt und existenzielle Ängste der Eltern erlebt hat. Kaum einer, der nicht wusste, was es heißt, in zerstörten Gegenden aufzuwachsen. Und kaum einer, der nicht wusste, was deutsche Soldaten angerichtet hatten. Trotzdem war es sinnvoll und wichtig in der jungen Bundesrepublik, eine Armee aufzubauen, die Bundeswehr. Für mich stand außer Frage, Teil der Bundeswehr zu werden.

Natürlich wollte ich dabei sein. Wir waren vom Ostblock bedroht. Der Kalte Krieg trat in eine immer wieder beängstigende Phase. Und für mich wie für einen Teil meiner Generation war die Bundeswehr eine Aufgabe zur Stärkung der Demokratie. Vielleicht wollten wir diesem Land auch etwas wie Würde zurückgeben. Anders als viele meiner Altersgenossen sah ich im Militär nichts Verwerfliches. Einem antimilitaristischen Kurs konnte ich mich nicht anschließen, auch wenn ich das Spannungsfeld Mensch und Technik, gerade im militärischen Bereich sehr sensibel betrachtete.

Aber: Einfach nur Dagegensein, das schien mir zu wenig. Auf der anderen Seite sah ich in der Technikverliebtheit des Militärs durchaus eine Gefahr. Gern und selbstverständlich setzte ich mich schon damals zwischen die Stühle – ohne mich dabei wirklich unwohl zu fühlen.

Mit der Bundeswehrzeit verbinde ich aber vor allem die frühe Erfahrung, das zu erkennen, worauf es ankommt: auf die kleine Lösung. Und sei es im Zusammenhang mit einem noch so gewaltigen Flugzeug, wie zum Beispiel dem Starfighter.

»Der Starfighter war der spektakulärste Kampfjet der Sechziger: Kein anderes Flugzeug war so schnell und stieg so hoch wie die F-104«, schrieb der *Spiegel* im Jahr 2009 zum 50. Jubiläum des Starfighters. Es gibt Zahlen, die sind recht imponierend: Er flog damals jedem anderen Kampfflugzeug davon, und zwar mit 2,2-facher Schallgeschwindigkeit.

Es gibt aber auch andere Zahlen. Denn der Starfighter war nicht nur eine Erfolgsgeschichte. Ganz und gar nicht. Die Starfighter-Story war sogar eine jener betrüblichen Episoden der Bundesrepublik.

Als die neu gegründete Bundeswehr in den späten 1950er Jahren auf der Suche nach einem Abfangjäger und Allwetter-Jagdbomber war, entschied man sich für die amerikanische Lockheed F-104, den sogenannten »Starfighter«. Warum man ihn wählte, warum nicht ein anderes Flugzeug, das sollen die Geschichtsbücher klären. Ich will gar nicht in die Diskussion einsteigen. Es gab Probleme, man bekam sie nie richtig in den Griff.

Die Probleme mit dem Starfighter bekam man nie richtig in den Griff.

Schlagen Sie ein Geschichtsbuch auf, lesen Sie im Internet, googeln Sie »Starfighter«, Sie finden wirklich erschreckende Zahlen: 292 Maschinen stürzten ab, 116 Piloten verloren ihr Leben. Über diesen Abfangjäger, den die Bundeswehr ab Ende der 1950er einsetzte, lesen Sie in der Tat nicht nur Gutes. Vor allem aber war die Debatte um den Starfighter eine der großen Krisen der jungen Republik. Bis 2004 war er in der NATO im Einsatz.

Auch wenn es nur eine Mutter ist

Für mich persönlich hat das Kampfflugzeug trotz allem eine wichtige Bedeutung. Oder besser gesagt: Mich hat die Arbeit innerhalb der Bundeswehr für den Starfighter einen wichtigen Punkt gelehrt: Es kommt auf die Logistik an – und zwar immer. Das war eine – wenn nicht die prägende – Erkenntnis, als ich in einem Jagdbombergeschwader stationiert war und mich als angehender Offizier um den Nachschub bei den Kampfflugzeugen kümmern musste beziehungsweise um die Flugzeuge, die wegen fehlender Ersatzteile nicht starten konnten. Das Detail muss stimmen, wenn es für das Ganze wichtig ist.

Und das stimmt nur, wenn auch die Logistik stimmt. Und wenn es dabei nur um eine Mutter geht, die zum Beispiel 3000 Grad aushalten muss. Denn wenn die fehlt, steht ein kompletter Starfighter im Wert von zwölf Millionen Euro nach heutiger Kaufkraft am Boden, kann nicht abheben – bloß weil ein winziges Detail fehlt.

Das relevante Detail findet man oft in der Logistik.

Wie gesagt: Viel beim Militär hat mit Logistik zu tun. Das zieht sich durch die gesamte Militärhistorie. Wenn es nicht mehr gelingt, den Nachschub zu organisieren, Material, Werkzeuge, Treibstoff, sieht es schlecht für die Truppe aus. Wenn Nachschub nicht garantiert ist, dann sind die Schlachten verloren. Meist sind es gar nicht die militärstrategischen Entscheidungen, die über Sieg oder Niederlage entscheiden, oft sind logistische Überlegungen entscheidend.

Das ist etwas, was mich schon immer fasziniert hat und was mich von da an immer faszinieren sollte. Ich war hochinteressiert, als ich lernte, welche logistischen Pläne es für den Fall eines (atomaren) Angriffs auf die Bundesrepublik gab. Dass man Brücken sprengen würde und welche und dass es im ganzen Land verteilt geheime Nachschublager gab. Außerdem gab es konkrete Pläne, wie man die deutschen Autobahnen nutzen wollte, wie man zivile Lkw und Supermärkte im Kriegsfall einsetzt und so weiter. Alles war nur eine Frage des Nachschubs.

Zwölf verschiedene Muttern von zwölf Zulieferern

Ich war also angehender Offizier bei den Starfightern und für kritische Fälle des Nachschubs verantwortlich. Und da hatten wir ein Problem: Es gab Muttern im Nachbrenner der Turbinen, die einer Betriebstemperatur von 3000 Grad nicht standhielten und mit dem Gewinde verschmolzen. Natürlich Zollgewinde und nicht metrisches Gewinde. Ein Problem, das nicht unbedingt zu Abstürzen geführt hatte. Aber wenn man beim Check vor dem Abflug verschmolzenes Material findet, kann die Maschine nicht starten, gibt es keine Startfreigabe. Ohne eine Mutter, die 3000 Grad aushält, kein Start.

Die Mutter musste 3000 Grad aushalten und ein Zollgewinde haben.

Die Herausforderung lag in folgender Tatsache: Es gab zwölf verschiedene Muttern von zwölf verschiedenen Zulieferern, darunter auch vier amerikanische. Und keiner wusste, welches die anfälligen Muttern sind, welche Muttern die Hitze aushalten und welche nicht. Es ging nur um eine kleine Mutter, ein kleines Detail. Daraus ergab sich ein großes Problem für den Flieger.

Als Verantwortlicher für Logistik machte ich mich also auf die Suche nach den richtigen Muttern. Rund 10 000 Ersatzteile waren für den Starfighter gelistet, allerdings nicht im Computer, so etwas wie ein IT-System gab es nicht.

Damals in den frühen 1960er Jahren waren alle Daten auf Karteikarten geschrieben. Jedes einzelne Ersatzteil hatte eine Karte. Ich sehe den Raum noch vor mir, ein großer Raum, etwa 300 Quadratmeter groß, vollgestellt mit Kisten und Karteikarten, auf denen sämtliche uns verfügbaren Ersatzteile des Starfighters abgeheftet waren. Heute würde dafür vermutlich ein USB-Stick reichen. Und dann habe ich gesucht. Unter Druck. Nach einer einzigen Mutter.

Sie musste nur die Temperatur aushalten

Ich besuchte geheime Nachschublager, verglich aus den Schadensberichten, welche Mutter bei welchem Einsatz verschmolz und welche nicht. Ich prüfte, wo und warum welche Mutter verschraubt war. Ich meldete mich bei den Herstellern, fragte nach Eigenschaften und Herstellungsverfahren. So unbedeutend das Ding an sich war, nach dem ich suchte, so fasziniert war ich von dem Gedanken, eine Lösung für das »Mutter-Problem« zu finden. Nach einigen Tagen war ich so weit: Vier Muttern hielten der Temperatur stand, acht Muttern nicht. Also wurde gesucht, wo die acht Mutter-Typen eingesetzt wurden – und man tauschte sie aus.

Es ging nicht darum, aus welchem Material die Muttern beschaffen sind, auch nicht um deren Form, auch nicht um das Herkunftsland. Der Preis spielte auch keine Rolle. Nein, die Muttern mussten einzig und allein die Schrauben fest- und die Temperatur von 3000 Grad aushalten. Das war ihr Zweck. Es ist zweitrangig, wie sie gestaltet sind, welches Material für sie verwendet wird. Es ist wichtig, dass sie das Ganze möglich machen.

Die Wirkung des Details auf das Gesamtsystem – darauf kommt es an.

Damals begann ich ein Gespür für das Detail zu entwickeln. Und für den Zusammenhang zwischen einem relevanten Detail und dem Ganzen. Ich weiß, es ist verführerisch, das Detail optimieren zu wollen. Das habe ich auch später oft genug erlebt. Techniker können da eine ganz besondere Leidenschaft entwickeln. Was ich aber meine, ist das Gespür für das Detail

im Zusammenspiel mit dem Ganzen. Bei der Suche nach der richtigen Mutter habe ich genau das verstanden.
Doch nicht nur auf der sachlichen Ebene hat mich die Zeit bei der Bundeswehr geprägt – sondern auch auf der emotionalen. Denn auch im Umgang mit Menschen darf man das Detail nicht aus den Augen verlieren. Auch da kommt es auf die Wirkung des Details auf den Gesamtzusammenhang an. Man läuft schnell Gefahr, das Ganze aufs Spiel zu setzen.

Ist schimmeliges Brot ein Problem?

Als angehender Offizier unterstanden mir Gefreite. Ich achtete auf Sauberkeit. Regelmäßig inspizierte ich ihre Stuben und die Spinde. Ja, ich war da sehr ungemütlich. Ich war noch jung, mir fehlte es an Reife, angemessen mit Fehlverhalten von Menschen umzugehen. Im Spind eines Soldaten machte ich eine wenig angenehme Entdeckung: Er hatte völlig verschimmeltes Brot in seinem Spind. Es lag dort und schimmelte vor sich hin im Kreise anderer Essensreste. Dem Soldaten war es offenbar nicht aufgefallen, es hatte ihn wohl nicht weiter gekümmert, obwohl am Freitag genug Zeit fürs Stubenputzen eingeplant war. Es gab aber einen, den das sehr kümmerte: mich.
Bei der Zimmerkontrolle. Ich sah den Schimmel sofort.
Ich tobte, machte den Soldaten zur Schnecke. Was er sich erlaube, was das mit Sauberkeit zu tun habe – und strich ihm die Heimfahrt am Wochenende. Statt in seine Heimatstadt zu fahren, seine Frau und Kinder zu sehen, sollte er die Stube noch mal reinigen und vor allem seinen Spind. Er war deutlich älter als ich, und ich hielt mein Verhalten für eine Demonstration der Stärke in meiner Stellung als angehender Offizier. Vielleicht

fühlte ich mich tatsächlich stark. In Wahrheit gefährdete ich unseren Auftrag.

Heute weiß ich, dass ich alles falsch gemacht habe, was man nur falsch machen kann. Ich habe das Ganze gefährdet. Ich habe mich hinreißen lassen. Gott sei Dank hatte ich einen guten Chef, der mich am darauffolgenden Montag früh zu sich bestellte und mit der Frage konfrontierte: »Sind Sie sicher, dass Ihre disziplinarische Maßnahme vom Freitag unserem Auftrag dient?« Ich stutzte. Was für eine Frage? Und dann kam ich ins Nachdenken.

Die Aufgabe war nicht, die sauberste Kaserne zu haben.

Die Aufgabe unserer Einheit war es, dafür zu sorgen, dass die Kampfflugzeuge im Ernstfall einsatzbereit sind. Unsere Aufgabe war nicht, die saubersten Spinde der Kaserne zu haben. Das ist zwar schön, wenn alles sauber ist und nirgends Lebensmittel vergammeln. Für die nationale Sicherheit hatte es hingegen weniger Bedeutung. Zudem habe ich durch meine Strafe das Vertrauen des Mannes missbraucht, habe seine Motivation ordentlich gedämpft – und habe Zorn gesät. Und wozu?

Ich begann zu verstehen: Die Kernaufgabe und damit der Kernprozess, anders ausgedrückt: der Aufgabenkernprozess bestand darin, dass Kampfflugzeuge einsatzbereit waren. Alles andere waren Nebenprozesse, und die hatten Priorität zwei.

Kleinkriege als Machtdemonstrationen

Das sind Situationen, bei denen ich mich heute frage: War das notwendig? War das nicht gefährlich? Sind es nicht genau diese vermeintlichen Kleinigkeiten, die eine verheerende Wirkung entfalten können?

Es ist nicht wichtig, ob das Brot schimmelt, es ist wichtig, dass die Flugzeuge startklar sind. Dazu muss ich meine Truppe auf meiner Seite haben. Mit diesen Kleinkriegen, die doch nichts anderes sind als Machtdemonstrationen, gefährde auch ich als Vorgesetzter das Ganze. Dieses Verhalten finden Sie häufig, auch in Unternehmen und Verbänden ist mir das begegnet, wenn Vorstände oder Geschäftsführer an einer Kleinigkeit ein »Exempel statuieren«, noch dazu an einer ungeeigneten Kleinigkeit. Empfehlenswert ist das nicht.

Der Pilot hatte das Bewusstsein verloren

Das Militär war, wie gesagt, eine in vielerlei Hinsicht prägende Erfahrung. Wir waren die Verteidigungsarmee mitten im Kalten Krieg, der jederzeit eskalieren konnte. Im Grunde war es immer ein Ritt auf der Rasierklinge. Deshalb war die Lage auch häufig angespannt. Die Nervosität war auf allen Seiten spürbar.

Ich selbst war mit einer Gruppe von Tankwagenfahrern für die Betankung der Flugzeuge verantwortlich, wenn alle Flugzeuge in der Luft waren. Man holte die Maschinen einzeln wie bei einem »Boxenstopp« herunter und betankte sie. Dann starteten sie wieder. Und die Tankwagen holten das Kerosin aus den unterirdischen Lagern in der Nähe unseres Standorts.

Mir fällt da ein Beispiel ein, das ich bis zum heutigen Tag nicht vergessen kann: Ich komme zum Frühstück ins Offizierskasino.

Irgendetwas war an diesem Tag anders, die Stimmung schien gedrückt. Ich fragte meinen Nachbarn: »Was ist los?« Er sagte: »Gestern früh ist ein Jagdflugzeug mit einem Ölleck am Fußboden entdeckt worden. Es war beim Alarm mit Massenstart vorgestern dabei und gehörte zu der Gruppe von Fliegern mit Atomsprengköpfen, Angriffsziel XY, Sie wissen schon: immer vier Maschinen gleichzeitig von unserem Standort, in der Summe mit achtfachem Overkill.«

»Und, wo ist das Problem?«, fragte ich. »Das Problem ist, dass die Maschine gestern untersucht wurde und es sich herausgestellt hat, dass sie völlig verzogen ist und nicht mehr eingesetzt werden kann. Es ist ein Wunder, dass Major Meier, der die Maschine geflogen hat, sie noch auf den Boden bekommen hat. Komisch ist nur, dass er nichts gemeldet hat. Heute wird geklärt, warum …«

Als ich einige Tage später dem Vorgang noch einmal nachging, stellte sich heraus: Jener Major Meier hatte die Maschine bei einem Abwärtsmanöver so sehr beschleunigt, dass er dabei offensichtlich das Bewusstsein verloren hatte. Das ging aus dem Flugdatenschreiber ziemlich eindeutig hervor. Als er wieder zu sich gekommen war, hatte er die Maschine aufgefangen und sicher zu Boden gebracht. Er hatte aber keine Erinnerung mehr daran, dass er zwischendurch einige Sekunden »weg« gewesen war.

Mich beschäftigte dieser Vorgang tagelang. »Was wäre passiert, wenn?« Ich überlegte: Wie können wir weltpolitisch und militärisch verantworten, dass mehr als einmal im Monat Alarm ausgelöst wird und rund 20 Flugzeuge in die Luft müssen, weil die Gegenseite einen Angriff gegen den Westen »übt« und dann kurz vor der Grenze abdreht?

Drei Minuten würden nach Grenzübertritt bleiben, um die eindringenden Flugzeuge zu zerstören, oder die Flugzeuge würden ihre tödlichen Ziele in der Bundesrepublik erreichen. Wahrscheinlich hatten wir als westliche Seite das auch »geübt« – ich weiß es bis heute nicht.

Das Schicksal der Welt am seidenen Faden

Aber eines wurde mir klar. Unsere Welt hing damals am seidenen Faden einer militärischen nuklearen Katastrophe, die uns jeden Tag erreichen konnte. Sie hätte vor allem auch durch Missverständnisse versehentlich ausgelöst werden können. Durch Kleinigkeiten. Durch ein winziges Detail. Oder durch Zufall. Oder durch Schicksal. Machte das alles Sinn? Ich kam zu dem Ergebnis: Nein.
Wenn es uns nicht gelingt, die Geschwindigkeit und Komplexität der militärischen Angriffe und Verteidigungsprozesse global zu reduzieren, ist das Risiko eines versehentlichen atomaren Weltkrieges unverantwortbar.

So kann es nicht weitergehen!

Damals wusste ich noch nichts von Dynaxity, der Kombination aus Komplexität und Dynamik, und wusste auch nicht, dass es eine besonders schwierige Aufgabe ist, Systeme aus dem chaotischen Zustand in einen »nur« turbulenten Zustand zurückzubringen. Ich wusste auch noch nicht, ob und wie man das hinbekommt. Ich wusste nur: So kann es nicht weitergehen. Ein Grundstein meines Lebensweges war gelegt.

3. LASS SIE SCHLAFEN, DEN KAMPF GEWINNEN WIR NICHT

Wie müde Schreiner die Umstrukturierung einer Leitstelle behindern und warum sie trotzdem ausschlafen sollen

Der Mensch muss ruhen. Er braucht seinen regelmäßigen Schlaf. Wir leben in unruhigen Zeiten, der hektische Alltag erzeugt bei vielen einen chronischen Schlafmangel. Darunter leidet das körperliche und seelische Gleichgewicht. Deshalb sollte man sich öfter mal hinlegen, ausruhen, ein bisschen dösen.
Wer wenig schläft, erhöht schließlich das Risiko, an Burn-out, Übergewicht oder gar Diabetes zu erkranken. Schlaf hält gesund. Forscher haben sogar herausgefunden, dass wir unsere Schlafrationen nicht am Stück benötigen. Ein kurzes Nickerchen am Arbeitsplatz, das berühmte Powernapping zwischendurch, die Siesta in Spanien, das alles hat sein Gutes. Das macht uns auch leistungsfähiger, motiviert uns.
Das sehen auch immer mehr Firmenchefs so. Und gegen eine Aufwertung des Schlafbedürfnisses ist ja grundsätzlich nichts

einzuwenden. Wenn es halbwegs mit den Interessen anderer Menschen einhergeht. Ich selbst habe erlebt, wie schlafende Handwerker ein großes, von langer Hand geplantes Projekt gefährdet haben. Sie machten Siesta, und wir hatten nicht einmal einen Tisch, auf den wir hauen konnten. Doch statt uns fürchterlich über die Schläfer aufzuregen, ließen wir die Handwerker damals einfach weiterschlafen. Manchmal ist es besser, Menschen einfach schlafen zu lassen. Nicht nur wegen der Gesundheit.

Die Geschichte ging so: Es galt, in einem Klinikzentrum die Einzelkostenabrechnung auf einen neuen Stand zu bringen. Es war ein sehr umfangreicher und zeitintensiver Auftrag für unsere Beratungsfirma. Uns wurde unter anderem auch die Anpassung und Modernisierung von Software, Logistik und Zulieferung übertragen. Das Zentrum war ein Zusammenschluss von zehn Kliniken, und wie sagte es einer meiner Kollegen: »Das ist ein dickes Brett zum Bohren.«

Denn zehn verschiedene Kliniken, das heißt auch zehn verschiedene Chefärzte, zehn unterschiedliche Charaktere. Zehn unterschiedliche Launen, zehn unterschiedliche Gründe für Skepsis und Widerstand. Gerade Kliniken sind nicht immer sehr empfänglich für das Neue. Was neu ist, ist nicht immer überzeugend, das galt und gilt vor allem auch für Krankenhäuser.

»Wir wollen das nicht!«

Der Vorstand des Klinikzentrums hatte es mehrfach in Eigenregie mit einer großen Lösung versucht. Erfolglos. Er kam nicht durch, konnte das neue Abrechnungssystem nicht etablieren. Um es einmal so zu sagen: Sie ließen ihn auflaufen. Daraufhin hat er uns beauftragt. Wir sollten es richten. Das Projekt war auf

zwei Jahre angelegt. Wir hatten einen Plan. Eine Summe von kleinen Lösungen. Schritt für Schritt. Anstelle des großen Schlages. Wir wussten aber, wenn uns der Einstieg nicht gelingt, haben wir keine Chance auf Erfolg. Wir mussten vor allem alle Betroffenen mitnehmen und sie zu Beteiligten machen.
Ehrlich gesagt: So ganz genau wussten wir nicht, wie wir es geschickt anfangen sollten. Der Vorstand hatte es nicht geschafft, wie sollten wir es dann schaffen? Wir wussten nur: Es müssen viele kleine Schritte sein anstelle des großen Wurfs, aber das Gesamte musste immer im Blick gehalten werden.
Vor uns lagen also mehrere Monate Ungewissheit. Klar war: Von Seiten der Chefärzte gab es großen Widerstand, Tenor: »Wir alle wollen das nicht!« oder »Wir brauchen das nicht!«

Viele kleine Schritte statt des »großen Wurfs«

Klar war auch, dass es vom Betriebsrat Bedenken gab: »Schon wieder ein Berater. Die sollen doch nur Arbeitsplätze abschaffen, weil sich der Vorstand nicht traut.« Das Übliche. Klar war zudem, dass es Bedenken bei vielen Mitarbeitern des ärztlichen Dienstes gab: »Da müssen wir doch zusätzlich dokumentieren, das bedeutet wieder Mehrarbeit für uns, wir arbeiten doch jetzt schon am Rand.« Klar war schließlich, dass die Pflegekräfte Sorge hatten, schon wieder mit neuer Technik konfrontiert zu werden.
Damit müssen Sie leben als Berater, es schlägt Ihnen viel Misstrauen entgegen. Wenn Sie nicht halbwegs von dem überzeugt sind, was Sie wollen, was Sie können, dann bekommen Sie schon am ersten Tag weiche Knie. Aber Beratung heißt nicht, es

allen recht zu machen. Beratung heißt: die beste Lösung für das Unternehmen zu finden.

Man kann als Berater viel erzählen – genau hinschauen ist besser!

Im Klinikzentrum stand alles auf dem Prüfstand: Diagnosesoftware, Abrechnungssoftware, Zulieferleistungen. So wollte es der Klinikvorstand. Und wir waren mittendrin und haben so begonnen, wie wir es immer tun: Wir schauten und beobachteten. Das kann Tage oder Wochen dauern. Einfach zuschauen. Sie lernen zu wenig über ein Unternehmen, wenn Sie nur auf dem aufbauen, was man Ihnen erzählt. Man kann Ihnen viel erzählen.

Beobachten und noch mal beobachten

Sie müssen hinschauen. Immer und immer wieder. Wer macht was, warum macht er das, wie oft macht er das, wer sagt ihm, was er machen soll? Das muss man beobachten und noch mal beobachten, immer wieder. Es darf Ihnen nichts entgehen.
Das ist wie Bergsteigen. Der Weg nach oben gelingt, wenn Sie wach sind, wenn Sie beobachten. Sie müssen das Wetter im Blick haben, den Weg. Sie müssen beobachten, wie sich die Teilnehmer Ihrer Wanderung fühlen, wie sie atmen, wie sie sich bewegen. Wer sagt, er habe eine Lösung im Gepäck und er müsse diese nur implementieren, dem sollte man nicht trauen. Der weiß im Grunde nicht, wovon er redet. Was in einem Unternehmen erfolgreich war, kann sich im nächsten als Desaster erweisen. Vergessen Sie Blaupausen, vergessen Sie genormte

Lösungsansätze. Ein guter Berater macht nur eine Sache immer gleich: Er schaut hin.
Und so beobachteten wir auch in dem Klinikzentrum die Mitarbeiterinnen und Mitarbeiter, immer in enger Zusammenarbeit mit dem Betriebsrat.

Den Betriebsrat sollte man nie außen vor lassen.

Den sollte man nie außen vor lassen. Wenn Sie es tun, rächt es sich meistens. Als Berater sind Sie im Betriebsrat meist willkommen wie Regen im Urlaub. Man mag Berater grundsätzlich nicht. Also bezogen wir von Anfang an den Betriebsrat mit ein, als wir die Mitarbeiter beobachteten. Diese Beobachtungen machten wir nicht nur in Einzelgesprächen, sondern in sogenannten Diagnose-Workshops. In diesen Workshops arbeitet man in Gruppen zusammen und versucht gemeinsam herauszufinden, warum die Dinge so funktionieren, wie sie funktionieren.

Volles Geld für halbe Arbeit

Manchmal ist es überraschend, was Sie beim Beobachten entdecken. Im Klinikzentrum haben wir beispielsweise die bemerkenswerte Entdeckung gemacht, dass die Mitarbeiterinnen der Leitstellen nur rund vier Stunden am Tag wirklich etwas zu tun hatten. Sie wurden für acht Stunden bezahlt. Arbeit gab es aber nur für vier. So ist das mit den Beobachtungen. Ihre Ergebnisse sind manchmal eine Offenbarung. Volles Geld für halbe Arbeit – wer soll das verantworten?

Der Betriebsrat hatte dann auch eingesehen, dass das nicht zu verantworten ist. Und von da an hatten wir ihn endgültig mit im Boot. Sie sahen, dass wir uns Zeit lassen, dass wir nichts überstülpen wollen, dass wir genau sind, dass wir genau hinschauen. Nun ging es ans Eingemachte. Mit viel Aufwand und mit Hilfe von IT-Systemen sollte eine Umgebung geschaffen werden, die mehr Arbeitsfreude, aber auch eine faktisch höhere Arbeitszeit pro Tag ermöglicht. Um das zu erreichen, schlugen wir vor, die einzelnen Leitstellen nicht nur im Hinblick auf die technische Seite umzurüsten, sondern auch »wohnlicher« zu machen. Und von den Leitstellen gab es wie gesagt zehn.

Zehnmal alles neu. Aber bloß nicht auf einmal, sondern Schritt für Schritt.

Das war aber nicht das einzige Problem. Das größte Problem war: Keine Klinik wollte, dass wir bei ihr beginnen. Änderungen? Ja, schon, aber nicht gleich bei mir anfangen. Also haben wir gefragt: »Wer will anfangen, gibt es Freiwillige?« Das schien uns die beste Strategie. Die Idee dahinter: Sollten wir eine erste Klinik finden, die beginnt, dann machen wir den ersten Schritt. Wir wollten auch keine der großen Kliniken, sondern lieber eine kleine. Diese würde uns im besten Fall bei der nächsten Klinik unterstützen – nach dem berühmten Mentoren-Prinzip. Wir hatten Glück. Im Vorstand saß ein Chefarzt, der bereit war zum Start und eine kleine Klinik führte. Andere würden dann nachziehen.

Nicht zuletzt überzeugte auch das Argument, mit der neuen Abrechnungsmethode mehr Geld zu verdienen.

Niemand sollte entlassen werden

Und dann ging es los. Wir waren regelmäßig mit zwei bis drei Leuten vor Ort. Wir bauten die Leitstellen und das Abrechnungssystem um. Die Zurückhaltung der Mitarbeiter hofften wir mit der Aussicht auf schickere Büros zu überwinden. Wir waren Berater. Keiner mag Berater wirklich. Aber weder galt es, jemanden zu entlassen, noch, jemanden neu einzustellen. Aufgabe war es, das vorhandene Personal stärker zu motivieren. Immer in Absprache mit dem Betriebsrat. Der war uns jetzt zugetan. Niemand sollte überfordert, niemand mit Neuerungen überfahren werden. Wir haben viele Einzelgespräche geführt. Und jede Menge Workshops veranstaltet. Wir wollten, nein, wir mussten wissen, wo unterschiedliche Auffassungen bestanden und wo alle die gleiche Auffassung haben. Immer in Ruhe, mit viel Zeit.

Als es dann ans Eingemachte ging, die neue Software an den Start gehen sollte, haben wir es wieder simpel gehalten. Mit einem einfachen Satz: »Probier es doch einfach mal aus.« Das war die Devise: »Probier es doch einfach mal aus.«

Nicht: Das gilt jetzt! Das machen Sie jetzt! Rundmail! Anordnung! Eine Schulung – dann läuft's! Nein.

Einfach einmal ausprobieren!

Probier es doch einfach mal aus. Dieser Satz, so banal er erscheint, hat immer eine immense Wirkung. Der Vorteil: Wenn Sie einen gefunden haben, der beim Ausprobieren Gutes entdeckt und davon anderen berichtet, dann hat man sehr viel erreicht. Dann fangen die Betroffenen an, zu Beteiligten zu werden. Dann gestalten die Beteiligten die Veränderung selbst. Dann ist plötzlich Energie im System und nicht die Reaktion auf den Druck von außen.

Das ist bei jeder Veränderung, bei jedem Change-Management-Prozess ein gutes Leitmotiv: Betroffene zu Beteiligten machen. Und Beteiligte zu Mitgestaltern machen. Und zwar unternehmensweit. Die Mitgestalter werden dann zu vielen kleinen Botschaftern für das Neue.

Betroffene zu Beteiligten machen und Beteiligte zu Mitgestaltern.

Wir brauchen keine Abnick-Gremien

Zum Beispiel sehe ich es fast als zwingend an, den Betriebsrat aus der reinen Mitbestimmungsecke herauszuholen. Machen Sie ihn zum Mitgestalter der Veränderung. Dann muss er aber von Anfang an an den Tisch und darf nicht einfach als Abnick-Gremium missbraucht werden. Und wer mitgestaltet, der verantwortet auch mit. Deshalb ist das oben erwähnte »Ausprobieren« so elementar wichtig. Die Beteiligten müssen eine Chance erhalten, einmal zu erleben, wie es in Zukunft gehen könnte, ohne dass damit automatisch schon entschieden ist: So wird es gemacht. »Probier es einfach mal aus.« Dieser Satz suggeriert: Wenn du nicht damit klarkommst, besteht die Möglichkeit, noch was zu drehen. Mit einem »Das gilt jetzt!« lässt man den Menschen keine Aussicht auf einen Freiraum.

Ausprobieren – damit eröffnet man auch neue Räume der Zusammenarbeit mit dem Betriebsrat. Der Mitbestimmungsfall tritt dann erst ein, wenn man gemeinsam erprobt hat, dass das Neue eine gute Lösung ist. So kann aus dem Gegner ein Freund der Veränderung werden. Ein Mitgestalter. Ein Motor der Veränderung.

So war es auch in dem Beispiel im Klinikzentrum: Wir wollten verbessern, vor allem auch die Arbeitsumgebung. Das hatten wir versprochen, das hatten wir den Mitarbeitern und Mitarbeiterinnen in Aussicht gestellt. Wir sprachen von neuen Computern, von neuen, ergonomisch geformten Sitzen. Und vor allem sollten sie neue, bessere Schreibtische bekommen. Die Leitstelle sollte in neuem Glanz erscheinen. Natürlich wollten wir nicht nur schön klingen und schöne Reden halten. Es mussten Taten folgen. Wir hatten viel versprochen. Jetzt mussten wir auch liefern. Software, Tische und Stühle.

Dann kam der Tag. Die erste Leitstelle war bereit. Die neue Abrechnungssoftware am Start. Die Computer waren da. Die Umgestaltung befand sich im vollen Gange. Und die Mitarbeiter zeigten sich weniger skeptisch als zu Beginn. Was fehlte, waren die neuen Schreibtische. Ein entscheidendes Detail.

Den Auftrag für die Tische hatte die Klinikleitung intern an die eigenen Werkstätten vergeben. Man wollte nicht noch einen zusätzlichen Zulieferer beauftragen, außerdem sollten die eigenen Werkstätten besser ausgelastet werden. Deshalb wurden die Tische intern fabriziert. Die Werkstätten befanden sich im Untergeschoss des Klinikzentrums. Dort gab es eine Schreinerwerkstatt, die auch Klinikmöbel herstellte.

Der Tag war also gekommen. Und wir warteten auf die Schreibtische. Und warteten und warteten. Doch was nicht kam, waren die Schreibtische. Alles war bereitet, mit großen Worten hatten wir die Änderung vorangetrieben – und was nicht kam, waren die Tische.

Jeder von uns hätte in die Luft gehen können.

Powernapping an der Kreissäge

Wir schickten einen jüngeren Kollegen zur Schreinerei. Er sollte nachfragen, wo die Tische blieben. Er ging hinunter, öffnete die Tür der Werkstätte, und was er sah, war verblüffend: Die Schreiner schliefen. Mitten am Tag. Einer lag mit dem Kopf auf der Tischplatte, ein anderer hatte es sich auf einem Stuhl bequem gemacht. Sie schienen nicht betrunken oder sonst außer Gefecht gesetzt. Nein, sie schliefen einfach. Ein Powernapping an der Kreissäge.

Auf den Werkbänken standen halbfertige Schreibtische. Auf dem Boden die Späne. Doch die Sägen ruhten.

Mein Kollege hätte nun toben, laut werden können, die Kameraden aufwecken: »Was erlauben Sie sich?« Er hätte gegen ein Regal schlagen können. »Oben warten alle auf die Tische!« »Was soll das denn!« Er hätte sie eindringlich und nicht gerade zartfühlend daran erinnern können, dass sie gerade dabei waren, ein sehr großes und für die Klinik sehr bedeutendes Projekt zu gefährden.

Er tat es nicht. Geistesgegenwärtig tat er das einzig Richtige: Er ließ sie weiterschlafen. Er drehte sich um, machte die Tür zu, ging zu seinem Projektleiter und sagte: »Ich habe die Schreiner schlafend gefunden. Ich war mir nicht sicher, ob ich sie aufwecken soll – deshalb bin ich lieber noch mal zu Ihnen gekommen.« Etwas Besseres hätte er nicht tun können. Dafür bin ich ihm heute noch dankbar. So absurd es klingt, aber dadurch, dass er die Schreiner hatte schlafen lassen, wurde das Projekt nicht gefährdet.

Denn die Schreiner waren – trotz allem – nicht »unsere Baustelle«. Klar, wir hatten Zeitdruck. Wir brauchten die Tische. Wir hatten den Mitarbeitern die Neuerung versprochen. Wir standen bei ihnen im Wort. Klinik und Betriebsrat hatten uns machen lassen. Sie hatten uns vertraut. Und nun hing alles an den Schreinern. Ein kleines Problem mit großen Wirkungen.

Schlafende Schreiner sind nicht unser Problem

Es gehört Erfahrung dazu, sicher auch Einsicht und vor allem innere Stärke, um zu erkennen: Das ist zwar blöd, das ist zum Durch-die-Decke-Gehen, das lässt einem das Adrenalin hochschießen – aber: Das ist nicht unser Thema. Wir sollten die Leitstellen auf den neuesten Stand bringen. Unsere Aufgabe war es nicht, die Schreiner zur Arbeit zu bewegen. Wir waren nicht für die Arbeitseinstellung der Schreiner verantwortlich. Dafür waren andere zuständig. Wir nicht. Wir sollten nur die Leistelle modernisieren. Das war unsere Aufgabe. Alles andere wäre ein großer Fehler gewesen.

Fehler in komplexen Projekten werden meist an den »Rändern« gemacht.

Den Kampf gegen die schlafenden Schreiner hätten wir nie gewinnen können. Und deshalb haben wir ihn erst gar nicht begonnen. Unser Ziel war ein anderes. Dieses Ziel – die neuen Leitstellen – sollten wir nicht aus den Augen verlieren. So haben wir die Schreiner schlafen lassen. Und sie später mit einer harmlosen Frage zum Arbeiten gebracht: »Können Sie uns helfen? Wir haben ein Problem. Uns läuft die Zeit weg. Wann schaffen Sie das mit den Schreibtischen?« Ohne Unterton, ganz freundlich und ohne sie auf ihre eigenmächtige Siesta anzusprechen. Und dann wurden die Tische fertig, einer nach dem anderen.

Mit Terminverzögerung. Aber ohne viel Wirbel. Die kleine Lösung.

In komplexen Projekten werden meistens die Fehler »an den Rändern« gemacht, also da, wo man eigentlich gar nicht mehr zuständig ist.

Konzentrieren Sie sich auf das, wofür Sie da sind

Der Fehler ist, dass man in seinem Ehrgeiz, in seinem Selbstverständnis, »etwas bewegen zu wollen«, auch Felder bearbeitet, die man besser nicht bearbeiten sollte. Auch wenn man immer neue und immer mehr »Unmöglichkeiten« in dem Unternehmen entdeckt – die man in seiner Veränderungseuphorie am liebsten auch noch ganz schnell miterledigen würde. Und das ist die Falle. Die Regel lautet: Auch wenn es sehr schwer fällt – lassen Sie den Rest.

Konzentrieren Sie sich auf das, was Sie verändern wollen oder sollen. Und lassen Sie den Rest – so grausam, so unhaltbar, so problematisch Sie es auch empfinden – lassen Sie ihn, wie er ist. Wenn Sie sich daran nicht halten, gefährden Sie alles. Konzentrieren Sie sich auf das, wofür Sie da sind. Das nennt man auch den Existenzgrund eines Projekts, einer Organisation, eines Unternehmens.

Was ist der Existenzgrund des Projekts?

Dazu stellen wir uns in der Beratungsfirma immer wieder die Frage: Was ist der Grund für die Existenz des Projekts? Wer hat ein Bedürfnis danach, dass das Projekt gelingt? Wen würde es denn stören, wenn es misslingt? Und welches Bedürfnis hat der

Kunde überhaupt? Wer ist überhaupt der Kunde? Der Vorstand? Die Mitarbeiter? Der Betriebsrat? Die Schreiner? Ach nein, die sind Lieferanten. Die Schreiner gehörten nicht zum Projekt. Sie waren aber Teil des Unternehmens. Natürlich ist es völlig indiskutabel, nachmittags um 14.30 Uhr schlafend auf den Werkbänken zu liegen. Aber es war ein Nebenkriegsschauplatz. Nicht unsere Baustelle!

Was wäre passiert, wenn der Kollege die Tischler aufgeweckt hätte? Für sie wäre der Vorgang dann »öffentlich« geworden, und sie hätten sich eine Strategie ausgedacht, um sich zu schützen. Und: Wo wären sie als Erstes hingelaufen? Natürlich zum Betriebsrat. Und was hätte das Gremium »Betriebsrat« gesagt: Wieder mal typisch Berater, die wie die Rechthaber durch die Organisation laufen und Dinge tun, zu denen sie keinen Auftrag haben. Schon hätten wir ein riesiges Problem gehabt.

Wir hätten uns an diesem Nebenkriegsschauplatz aufgehalten, statt unsere Versprechen zu halten, die zehn Leitstellen in zwei Jahren erfolgreich und nachhaltig umgestaltet zu haben. Das Gespräch mit den Schreinern zu führen, nachdem sie wieder aufgewacht waren – ohne sie auf ihr Nickerchen anzusprechen –, war für die Zielerreichung des Projektes auf jeden Fall der bessere Weg.

Dreh lieber um und denk noch mal nach

Bevor du in komplexen Systemen etwas aufwühlst, wofür du nicht unmittelbar verantwortlich bist, dreh lieber um und denk noch mal nach und noch mal nach und noch mal nach. Ob es nicht besser ist, gar keinen Staub aufzuwühlen. Oder mit jemandem zu reden, bevor man Staub aufwühlt.

Konzentrieren Sie sich auf den eigentlichen Grund, für den Sie da sind. Alle Beteiligten müssen sich darauf konzentrieren und immer wieder daran erinnert werden. Sonst droht die Sinnfalle: Ach, schau mal, da liegt ja noch etwas im Argen. Es wäre doch sinnvoll, sich auch noch darum zu kümmern. Lass uns das doch gleich miterledigen. Das Ganze muss doch Sinn machen. Nein: Es macht Sinn, die kleine Lösung zu suchen und sich auf den vorliegenden Auftrag zu konzentrieren und die »Nebenkriegsschauplätze« zu ertragen – auch wenn es wehtut. Oft hilft auch die Portion Humor. Es ist doch auch eine Kunst, um 14.30 Uhr auf der Werkbank zu schlafen, ohne dass es jemand stört.

*Wer sich um alles kümmern will,
dem droht die Sinnfalle.*

4. KEINE GROSSEN WORTE

Wer sich bemüht, einen Fehler einzugestehen, ist auf dem besten Weg weiterzukommen

Ein Standort sollte geschlossen werden. Die Fabrik sollte es nicht mehr geben, so wollte es die Unternehmensleitung. 600 Menschen waren davon betroffen. Für jeden Einzelnen ging es um die Existenz. Innerhalb des Unternehmens herrschte strengste Geheimhaltung. Noch sollte nicht über die Schließung gesprochen werden. Es sollte nichts nach außen dringen, man fürchtete, dass die Wellen hochschlagen. Noch wussten die Mitarbeiter von nichts. Zwar sah es mit der Unternehmensentwicklung eher schlecht aus. Die Zahlen waren nicht gut. Aber von Schließung war bisher nicht die Rede. Es war eine dieser ganz unangenehmen Situationen für Führungskräfte. Gute Nachrichten verkünden, Visionen ausrufen, Zielvorgaben definieren, das sind großartige Aufgaben für Manager. Werksschließungen ankündigen gehört nicht dazu.

Da ist »soziale Kompetenz« gefordert. Auch wenn dieser recht gut klingende Begriff immer ein wenig verschleiert, um was es wirklich geht. Denn was in solchen Momenten zählt, ist eine ganz simple und fundamentale menschliche Eigenschaft: Mut zu einer aufrichtigen und ehrlichen Position.

Ein ehemaliger Kollege war bei diesem Unternehmen Werksleiter geworden. Er wusste von der Schließung. Er hielt sich bedeckt, aber es ließ ihm keine Ruhe. Er rief mich an und sagte mir: »Du, Klaus, ich kann dieses Spiel nicht mitmachen.« Er erzählte von der Schließung und von seinen Skrupeln. »Ich kann die Leute nicht belügen und so tun, als wäre nichts. Ich will ihnen die Wahrheit sagen.« Ich meinte nur: »Das kann dich deinen Job kosten.« »Na und?«, sagte er. »Hast du nicht immer gesagt, wir sollen authentisch sein und uns nicht verbiegen?«

Er hatte Mut zur Aufrichtigkeit und Ehrlichkeit. Eigentlich sollte die Unternehmensspitze das Aus verkünden. Man arbeitete bereits an einer schriftlichen Verkündigung der Werksschließung, hantierte mit den in diesen Fällen üblichen Begriffen wie: »Marktlage«, »Marktumfeld«, »Nachfrage« und »Sozialplan«. Allesamt scheinbar wohlüberlegte Begriffe, die aber auch verschleiern und beschönigen sollten, worum es wirklich ging: »Wir machen hier dicht!«

Immer soll es geräuschlos ablaufen

Was man nicht wollte, waren Emotionen, gar Streiks und die damit einhergehende mediale Beachtung. Unangenehm die Vorstellung, dass es vor dem Werksgelände Streikposten gibt, dass Fernsehbilder von wütenden Mitarbeitern gesendet werden, dass man als Unternehmen an den Pranger gestellt wird. Geräuschlos sollte es ablaufen. Es herrscht nach wie vor häufig die Vorstellung, wenn schlechte Nachrichten leise (und ein wenig feige) vermeldet werden, würden sie die Betroffenen nicht in Rage versetzen. Eine Werksschließung ist definitiv eine schlechte Nachricht. Und in unserem Fall sollte innerhalb von zwölf Monaten der Standort geschlossen sein.

Am Ende entscheidet der Charakter.

Wie kommuniziert man so etwas? Der Werksleiter, also unser ehemaliger Kollege, entschied sich tatsächlich für die Kompetenzüberschreitung. Er nahm sich ein Herz, rief eine Betriebsversammlung ein und stellte sich vor die Kolleginnen und Kollegen, wohl wissend, dass dieser Auftritt ihm sehr, sehr schaden konnte und er seine Zukunft im Unternehmen riskierte. Aber so ist das mit der inneren Überzeugung. Wenn es hart auf hart kommt, zeigt sich, was für ein Charakter man ist – und zu was man fähig ist.

Gab es Tumulte? Nein!

Ohne Absprache mit der Unternehmensleitung, ohne eine Orientierung am »Wording« oder an »Textbausteinen« und ohne sich an »Sprachregelungen« oder dergleichen zu halten, ergriff er vor den versammelten Mitarbeitern das Wort und sagte: »Ich versichere Ihnen, dass hier in zwölf Monaten die Lichter ausgehen und keiner von uns, ich auch nicht, hier noch arbeiten wird. Denn der Standort wird geschlossen. Ich sage Ihnen das, obwohl ich es eigentlich nicht darf. Ich sage Ihnen aber auch: Wir haben jetzt zwölf Monate Zeit, uns gemeinsam darauf vorzubereiten. Wir sollten die nächsten zwölf Monate daran arbeiten, das Beste aus dieser Situation für uns zu machen.« Ende der Durchsage.

Was geschah? Gab es Lärm? Stürmten die Arbeiter das Podest? Gab es Tumulte? Zerrten sie ihn vom Rednerpult? Riefen sie noch in der Halle zu Streiks und Protesten auf? Riefen sie sofort die Medien an, um diese Ungeheuerlichkeit mit dem entsprechenden Empörungsgehalt zu verbreiten?
Nein. Nichts dergleichen geschah.
Sie waren geschockt, aber sie riefen nicht zum Streik auf. Sie sahen, da ist jemand, der etwas riskiert, nämlich seinen eigenen Job. Da ist jemand, der ihnen nichts vormachen will, da ist einer wie sie. Und das reichte. Es war eine sehr komplexe Aufgabe, die er hätte nicht übernehmen dürfen. Und er entschied sich für die kleine Lösung. Und sie erwies sich dann als die beste. Weil all die Emotionen, vor denen sich die Unternehmensleitung so fürchtete, nicht eintraten. Sie hatten schwarzgemalt, und er hatte ihnen gezeigt, wie das Bild Farbe bekommt und wie man ohne Gesichtsverlust eine solche Situation meistert.

Die günstigste Lösung: Seien Sie ehrlich!

Die Mitarbeiter haben dann gemeinsam mit ihrem Werksleiter und dem Betriebsrat besprochen, welche Konsequenzen sie daraus ziehen sollten, wie sie ihre Zukunft gestalten und wie sie neue Arbeit finden konnten. Ein Jahr gemeinsame Arbeit führte dazu, dass für alle an anderer Stelle Arbeit gefunden wurde. Jeder kam unter. Das Werk wurde planmäßig geschlossen. Auch der Werksleiter ging zu einem anderen Unternehmen. Es ist nie zu der Katastrophe gekommen, die man sich in der Chefetage ausgemalt hatte, wo man glaubte, das komplexe Problem nur mit einem riesigen Aufwand klein halten zu können.

Doch die Erfahrung zeigt:
Immer wieder geht es darum, die Komplexität und Dynamik, die ich nicht ändern kann, auszuhalten und die Situation anzunehmen. Und dann nach der kleinen Lösung für eine komplexe Situation zu suchen.
Normalerweise würde man eine Werksschließung wie im gezeigten Fall mit viel Aufwand abwickeln. Man würde teure PR-Agenturen engagieren, Anwälte aufmarschieren lassen, man würde sich nach allen Regeln der Kunst absichern. Man würde alles tun, um ja keinen Fehler zu machen – und macht dabei den größten Fehler: die Menschen außen vor zu lassen.
Es braucht so wenig, um Menschen auf seine Seite zu ziehen. Es braucht nur Mut und Ehrlichkeit, gepaart mit einem Herz für die Menschen. Das ist eine der besten kleinen Lösungen, die ich kenne: ehrlich zu sein. Damit ließen sich unglaublich viele Probleme in kurzer Zeit lösen. Und zu den kleinen Lösungen zählt immer auch das Eingeständnis eines Fehlers. Einfach mal zu sagen: Da ist was misslungen. Das ist *mir* etwas misslungen. Und jetzt schauen wir, wie wir weitermachen können. Das ist im besten Sinne eine kleine Lösung, manchmal auch eine demütige Lösung.

Wenn Sie einen Fehler zugeben, kommen Sie meistens weiter.

Mir ist aber immer wieder in den vergangenen Jahren begegnet, dass Manager und Führungskräfte das Größte dann erreichten, wenn sie ehrlich waren und einen Fehler zugaben. Es ist wirklich nur ein kleiner Schritt, aber er hat eine enorme Wirkung. So kommen Sie weiter.

Niemals hätte er sie überzeugen können

Ich erinnere mich an einen Vorstandsvorsitzenden, der eine Betriebsversammlung für ein großes Veränderungsprojekt einberufen hatte, das wir durchführen sollten. 300 Leute waren in dem Saal, es ging hoch her. Es war laut, die Stimmung aufgeheizt. Unter anderem, weil der Führung ein folgenschwerer Fehler unterlaufen war: Sie hatte den Betriebsrat nicht eingeladen. Was für ein Fauxpas.

Es war klar: Die Mitarbeiter würden pfeifen, sie würden keine Ruhe geben, der Saal würde kochen: erst den Betriebsrat nicht einladen und dann hier nach Gutsherrenart Ansagen machen. So in etwa war die Stimmung.

Was tun? Der Vorstandsvorsitzende hätte nun sein Konzept durchziehen können. Er hätte seine vorbereitete Rede halten können, sich den Pfiffen und Protesten der Mitarbeiter stellen können, alles an sich abperlen lassen, den gewieften Manager spielen, die rhetorisch durchtriebene Spitzenkraft, den knallharten Typen – das hätte vor allem eins bewirkt: Er hätte sie niemals überzeugen können. Er hätte niemals den Standpunkt der Geschäftsleitung darlegen können. Die Belegschaft hätte ihm nicht zugehört, ihm also auch niemals Sympathie entgegengebracht. Dabei ist Sympathie mit die wichtigste Voraussetzung, um Menschen von sich, seinen Ideen und Argumenten zu überzeugen. Also machte er diesen Fehler nicht. Nach dem Eingeständnis hörten alle zu.

Er begann seine Rede mit den Worten: »Ich habe einen Fehler gemacht.« Jawohl, mit einem Eingeständnis. »Ich habe versäumt, die Kollegen des Betriebsrats zu der heutigen Veranstaltung einzuladen. Es ist mir erst heute früh aufgefallen. Ich bedanke mich, dass Sie so kurzfristig gekommen sind, und bitte Sie um Vergebung. Mea culpa. Es ist meine Schuld!« Ein kleiner Satz für den Vorstand, ein großer Satz für die Belegschaft. Danach hörte man ihm zu. Die kleine Lösung.

Entscheidend sind oft die kleinen Worte und nicht die großen Ansagen.

Es braucht nicht die ganz großen Formulierungen, die berühmten »großen Worte« oder gar das »Machtwort«. Es braucht einen kleinen, ehrlichen Satz – einen Schritt der Umkehr –, der im Übrigen nicht selten der erste Schritt ist, um eine tatsächliche Veränderung einzuläuten.

Ein Fehler mit einer 50-jährigen Geschichte

Das Eingeständnis eines Fehlers, die Größe zu haben, einen Irrtum zuzugeben, ist unter den vielen kleinen Lösungen meiner Meinung nach eine der wirkungsvollsten. Mögen es noch so alte Fehler sein. Unvergessen ist mir das Beispiel aus einem Stahlwerk in Nordrhein-Westfalen. Es ging um die Bramme-Öfen. Brammen nennt man die aus Stahl gegossenen Blöcke, das Vormaterial für Bleche. Diese kommen aus den Öfen, müssen abkühlen, werden gepresst und dann auf Lastwagen verladen.

In diesem Stahlwerk konnten die Lastwagen nicht bis an die Presse heranfahren, die gepressten Stahlteile mussten immer aufwendig gehoben und auf die Lkw gewuchtet werden. Es fehlten zwei Meter, um direkt an die Presse zu fahren. Zwei kleine Meter – ein Fehler, an den sich alle gewöhnt hatten. Und ein recht zählebiger Fehler. Er existierte seit 50 Jahren, seit dem Bau

der Werkshalle. Generationen hatten sich mit dem Fehler abgefunden. Der Fehler gehörte zum Stahlwerk wie der Ofen.
Wir waren als Berater vor Ort. Wir machten, was wir immer machen. Wir beobachteten. Wir beobachteten, wie die Stahlplatten verladen werden. Die Mitarbeiter erzählten uns, dass da zwei Meter fehlen. Und dass die schon immer fehlten. Dass es immer ein kleines Problem war für die einfahrenden Lastwagen. Eigentlich nicht schlimm. Bisher ging es ja immer …
Wir wollten nicht darüber hinwegsehen. Wir haben dieses Detail betrachtet und festgestellt, welche Auswirkungen es auf das Ganze hat – welche negativen Auswirkungen. Weil man jedes Mal die zwei Meter überbrücken muss, weil jedes Mal Zeit und Arbeitskraft verloren gehen, weil jedes Mal das Blech auf die Lastwagen gekrant werden muss. Weil es einfach nicht in den Kopf will: Seit 50 Jahren nehmen die Mitarbeiter zwei fehlende Meter hin, die ihnen die Arbeit erschweren.

Für eine Entschuldigung ist es nie zu spät

Mit dem Vorstand sprachen wir auch über diese beiden Meter. Erst verstand er nicht, dann wurde ihm klar, wie selbstverständlich alle den Fehler hingenommen hatten – seit Jahrzehnten. Der Vorstand ließ sich überzeugen.
Mit den Worten »Wir haben jetzt 50 Jahre geschlafen, aber wir schämen uns deswegen nicht« räumte er das Versäumnis der Leitung ein, gab den Fehler zu und veranlasste, dass die Presse um zwei Meter versetzt wurde. Es bedeutete einen recht großen Aufwand und kostete eine ganze Stange Geld, die Presse zu versetzen. Aber schon nach drei Monaten hatte sich der Aufwand amortisiert – und der Fehler war endgültig beseitigt. Selbst

wenn ein Fehler schon 50 Jahre auf dem Buckel hat – es ist nie zu spät, sich dafür zu entschuldigen. Einen Gesichtsverlust hat auch dieser Vorstand nicht erlitten. Vor dem haben die meisten Führungskräfte immer die größte Angst: Wenn ich einen Fehler eingestehe, dann ist das mein Untergang.
Unternehmen stehen sich dabei oft selbst im Weg, wenn sie nicht wagen, einen Fehler einzugestehen oder sogar um Vergebung zu bitten. Sie unterschätzen die Wirkung, die dieses Eingeständnis haben kann, und seine positive Wirkung.

Um Vergebung zu bitten ist ein neuer Anfang.

Das ist doch die Grundlage dafür, neu anzufangen und weiterzukommen. Auf individueller Ebene beginnt es häufig mit einer Entschuldigung, auf organisationaler Ebene mit dem Eingeständnis, dass man jahrelang einen Fehler entweder nicht gesehen hat oder nicht sehen wollte!
Unternehmen fürchten sich oft nur vor den negativen Reaktionen, lassen aber außer Acht, welch motivierende Wirkung ein Eingeständnis auf die Belegschaft haben kann. Führungskräfte sehen sich manchmal als Firmenlenker, die unfehlbar sein müssen. Sie sind aber Menschen, also fehlbar, und dazu können und müssen auch sie stehen. Der unschätzbare Vorteil, der sich damit verbindet, ist, dass man Kritikern den Wind aus den Segeln nimmt. Die Mitarbeiter pfeifen nicht, wenn einer sich aufrichtig entschuldigt und entsprechende Konsequenzen daraus zieht.

5. ECHTE LIEBE ODER DETAILVERLIEBT?

Wie ein kleines Detail ein großes System (zer)stören kann und warum echte Liebe so wichtig ist

Wenn Maschinenbauer und Ingenieure von der Liebe sprechen, kann es sperrig werden. Schmetterlinge im Bauch betrachten wir ja eher mit physikalischem Interesse. Und an Hormonen erfreut uns eher der mechanische Vorgang. Doch nun ist von Liebe die Rede. Von echter Zuneigung, wahrem Empfinden und nicht von Verliebtheit. Also nicht von jenem befristeten Zustand der Kopflosigkeit. Sondern von echter Wertschätzung.

Verliebtheit verstellt den Blick auf das Ganze.

Wir haben bisher viel von den kleinen Lösungen gesprochen. Wie sich ein komplexes System wandeln kann, wenn nur ein Detail verändert wird, wenn man schon bei der Beobachtung die Lösung einleitet. Jetzt drehen wir die Sache um und betrach-

ten, welch verheerende Wirkung die Änderung eines kleinen Details auf ein System haben kann, weil statt Liebe die Verliebtheit grassiert.
Die Detailverliebtheit besteht darin, das Detail gewissermaßen losgelöst von seiner Bedeutung fürs Ganze zu sehen und somit indirekt zum Ganzen zu machen. Es schränkt meinen Wahrnehmungsraum massiv ein beziehungsweise verzerrt ihn. Verliebtsein wird dann zum Wahrnehmungsproblem und verstellt den Blick auf das Ganze, den Blick für die Komplexität und Dynamik.
Die Liebe zum Detail ist etwas Elementares bei der Entwicklung und Erhaltung von Systemen aller Art. Die Detailverliebtheit dagegen ist Ursache von zum Teil katastrophalen Systemstörungen. Mir fällt da ein sehr alltägliches Beispiel ein.
Ich habe mir vor einiger Zeit ein neues Auto gekauft. Einen Neuwagen, stabil, sportlich, eine Weiterentwicklung eines Erfolgsmodells. Bei vielen Fahrzeugen der gehobenen Klasse gibt es allerdings eine Achillesferse: den Turbolader. Das ist ein ärgerliches Problem, an dem sich schon viele Ingenieure abgearbeitet haben. Irgendwie scheint das keiner richtig in den Griff zu bekommen.

Sie finden den Fehler nicht

Schon nach den ersten 1000 Kilometern mit meinem neuen Wagen war klar, dass es Probleme gibt – der Wagen lief nicht rund, beschleunigte nicht richtig, irgendetwas stimmte nicht, vermutlich mit dem Turbolader. Das alte Lied. Ich brachte den Wagen in die Werkstatt. Vielleicht hatten die eine Idee. Doch dann begann eine schier endlose Suche.

Zunächst fanden sie nichts. Ich holte den Wagen wieder ab, fuhr ein Stück auf der Autobahn, und da trat das Problem wieder auf. Das beobachtete ich ein paar Mal. Schließlich stellte sich heraus: Man musste lange Strecken am Stück fahren, bei einer relativ hohen Drehzahl und einer bestimmten Betriebstemperatur, nur dann konnte man das Problem erleben. Also zurück in die Werkstatt. Ich übergab den Wagen, die Serviceleute packten die Messgeräte ein und machten sich auf den Weg, viele Kilometer lang, um hinterher festzustellen: Es gibt keinen Fehler. Die Messgeräte zeigten nichts Ungewöhnliches. Alles war im grünen Bereich. Und der Turbolader war es auch nicht. Sie waren sich sicher. Eine Fehldiagnose war ausgeschlossen.

Ich nahm den Wagen wieder mit. Doch der Wagen lief nicht rund und musste wieder in die Werkstatt. Und die Messgeräte wurden wieder installiert. Es wurden zahlreiche Messfahrten gemacht mit dem Ergebnis: Kaum hatte der Wagen eine bestimmte Drehzahl erreicht, gab es Probleme, allerdings erst, wenn man 50 Kilometer Autobahn hinter sich hatte. Doch das Problem ließ sich nicht orten. Die Werkstatt war mit ihrem Latein am Ende.

Also kam der Hersteller ins Spiel. Die müssten es doch wissen. Auch dort wurde gemessen, getestet, geprüft. Und auch der Hersteller fand das Problem nicht. Es waren bereits Wochen vergangen. Es kostete nicht nur Zeit, längst beliefen sich die Reparaturkosten auf fast 10 000 Euro. Die Werkstatt berechnete Stunde um Stunde. Sie übernahmen natürlich auch alle Kosten für einen Ersatzwagen der gleichen Klasse. Ein ewiges Hin und Her. Man kam nicht weiter.

Irgendwann kam den Ingenieuren in der Zentrale des Herstellers schließlich doch ein Verdacht, der sich auf einen erst seit kurzem eingeführten Sensor in der Abgasrückführung bezog. Dieser Sensor sendete permanent ein Signal an den Turbolader. Und siehe da – es war der Sensor. Der Sensor war verschmutzt und daher nicht voll funktionstüchtig. Das war das Problem.

Je komplexer ein System ist, desto vorsichtiger muss man mit Änderungen sein.

Das eigentliche Problem lag aber woanders. In diesem neuen Modell des Fahrzeugtyps hatte der Hersteller im Motorbereich einiges vom Vorgängermodell beibehalten, verschiedene Teile wurden jedoch ergänzt, unter anderem jener Sensor. Das Problem war, dass der Sensor nicht in die zentralen Prüfsysteme eingebunden war. Geprüft wurden sowohl bei den Messungen der Werkstatt als auch beim Hersteller immer nur die »alten« Teile. Der Sensor wurde einfach nicht wahrgenommen, weder sein Funktionieren noch sein Nichtfunktionieren. Es war ein kleines Ding, drei Zentimeter groß, kaum beachtenswert, aber es hat den kompletten Wagen, das gesamte System ausgebremst. Genau darin liegt die Krux:
Man hatte in ein funktionierendes System ein kleines Teil eingesetzt, ohne darauf zu achten, welche Wirkung dieser Austausch auf das Gesamtsystem hat.

Das Detail bei der Rakete

Das ist auch das, was ich meinen Studierenden immer vermitteln wollte: Schauen Sie nicht verbissen auf das Detail. Schauen Sie darauf, welche Bedeutung das Detail für das Ganze hat.

Es geht nicht immer darum, das Detail zu optimieren und zu optimieren und zu optimieren und dabei den Rest zu vergessen, sondern die Bedeutung des Details für den Gesamtzusammenhang zu erfassen – darauf kommt es an.

Nicht immer verbissen aufs Detail schauen

Eine meiner Vorlesungen hieß »Informatik im Maschinenbau«, eine Vorlesung für Studierende im zweiten Semester. Das war und ist immer noch ein Grenzfall. Ein richtiger Maschinenbauer will an Maschinen ran, will Automotoren betrachten, Flugzeuge oder gar Raketen. Daran hat sich, trotz zunehmender Elektronik wenig geändert. Diese Vorlesung war daher eine besondere Herausforderung, nicht zuletzt wegen der Teilnehmerzahl: 1000 bis 1600 Studierende drängten sich im Audimax. Die Vorlesung wurde per Videostreaming parallel in einen anderen Hörsaal übertragen. Und irgendwie galt es, trotz der Menge, die beiden Fächer, Informatik und Maschinenbau, im Kopf der Studierenden zusammenzuführen. Das beste Mittel: Sie sollten selber Dinge entwickeln, selber recherchieren und die Ergebnisse in einem kleineren Kreis vortragen. Eine Gruppe entschied sich für einen Raketenabsturz.
Am 4. Juni 1996 explodierte die Ariane 5 auf ihrem Jungfernflug. Die unbemannte Rakete sollte vier identische Satelliten in den Orbit befördern. Durch die Explosion entstand ein Schaden von 1,7 Milliarden DM. Die Entwicklungszeit für die Rakete betrug zehn Jahre, und die Entwicklungskosten beliefen sich auf 11,8 Milliarden DM. Es war einer der heftigsten Rückschläge für die europäische Raumfahrt. Ein tragisches Ereignis, aber für meine Studierenden ein paar Jahre später ein ausgezeichnetes

»Forschungsobjekt«. Ich schickte die Studierenden also los, sie sollten direkt vor Ort, in Frankreich, nach Gründen suchen. Sie hatten Zugang zu offiziellen Quellen, sie lasen Akten, Protokolle und Berichte. Sie sprachen mit Ingenieuren, werteten alles aus – und kamen zu dem Ergebnis: Ein Detail stimmte nicht.

Wie ein Topf mit überkochender Milch

Die Ariane 5 war das Nachfolgemodell der Ariane 4. Das Bordcomputer-System war bei beiden Versionen baugleich. Es hat sich bewährt, deshalb haben es die Raketenbauer übernommen. – Ja, sie dürfen ruhig an mein Auto denken.

Doch wie sich später zeigen sollte, unterlief den Experten dabei ein entscheidender Fehler. Während des Fluges wertete der Bordrechner neben anderen Daten auch die Daten für die Geschwindigkeit aus. Dabei musste er sogenannte Gleitkommazahlen umformen in ganzzahlige Werte. Bei der Ariane 4 hatte diese Umwandlung stets geklappt. Das Nachfolgemodell Ariane 5 war jedoch die schnellere Rakete. Das heißt: Die Daten, die übermittelt wurden, waren wesentlich höhere Zahlen, weil die Rakete andere physikalische Eigenschaften hatte. Und diese größeren Zahlen haben in den Bereich, den der Computer erfassen konnte, nicht mehr gepasst. Also gab es einen Überlauf im Speicher des Bordrechners. Man muss sich das wie einen Topf mit überkochender Milch vorstellen.

Das kann man zwar absichern. Aber genau diese Absicherung hat man an dieser Stelle vergessen, weil offensichtlich niemand Informatik *und* Maschinenbau integriert betrachtet hat. Durch diesen Datenüberlauf war der Bordrechner hoffnungslos überfordert. Das Ergebnis war die Katastrophe: der Absturz.

Wo ist das relevante Detail?

Es ist ein betrübliches, aber gutes Beispiel für die Wechselwirkung von Physik und Informatik. Und dass man die Wirkung des Details auf den Gesamtzusammenhang nicht aus dem Blick verlieren sollte. Man hatte etwas übernommen, was sich beim Vorgängermodell bewährt hat – ohne allerdings die Folgen zu betrachten. Man kann sich eben nicht ausschließlich um die Informatik kümmern, wie man sich auch nicht ausschließlich um die Mechanik kümmern kann. Und wenn man darüber hinaus vergisst, sich um die kleinen Dinge zu kümmern und um ihre Wirkung im Gesamtsystem, dann macht man ganz schnell Fehler, unter Umständen solche mit katastrophalen Folgen.

Die Wechselwirkung zwischen den kleinen Dingen ist wichtiger als deren Eigenschaften.

Die Liebe zum Detail heißt auch, über das Detail das Ganze zu verstehen.
Denn die Wechselwirkung der kleinen Dinge ist wichtiger als die Eigenschaften der kleinen Dinge. Ich habe gelernt, dass es sowohl bei Maschinen als auch bei Organisationen als auch bei den Menschen darauf ankommt, das relevante Detail zu finden.

Das Komma in der Schöpfung Gottes

Das habe ich im Übrigen selbst schmerzlich erfahren. Bei meiner eigenen Dissertation. In einem Programmiertext ist mir ein klitzekleiner Fehler unterlaufen: Ich hatte ein Komma vergessen. Nur ein einziges kleines Komma. Statt »1 – 1,1000« hatte

ich »1 – 11 000« eingegeben. Der Wert 11 000 hat natürlich ein völlig anderes Ergebnis erbracht.
Es war ein Keulenschlag. Ich wusste nicht, wo der Fehler lag. Ich habe Wochen gebraucht, um diesen Fehler zu finden. Ich habe alles mehrfach durchgerechnet. Ich stand unter Druck, weil es immerhin um die Dissertation ging. Es war keine schöne Zeit. Um am Schluss stellte sich heraus: Es war nur ein Komma. Ein kleiner Strich. Aber mit einer immensen Wirkung.

Lerne über das relevante Detail das System kennen und verstehen.

Das Komma an sich ist nicht so wichtig. Es ist ja nur ein Komma. Die Bedeutung des Kommas im Gesamtzusammenhang, darauf kommt es an. Nicht der Sensor ist wichtig, sondern die Bedeutung des Sensors im Gesamtzusammenhang. Sich nicht zu schade sein, das fehlende oder überflüssige Komma zu suchen, ist eine Voraussetzung, Komplexität zu meistern. Das gilt nicht nur für Maschinen, das gilt auch für Organisationen, in denen Menschen arbeiten.
Das gilt für Technik, für alle Unternehmen genauso wie für das Zusammenspiel von Menschen. Seien Sie es sich wert, ein Komma in der Schöpfung Gottes richtig zu setzen, auch wenn es mühsam ist. Es könnte erfolgsentscheidend sein.

6. WICHTIG IST, WAS ZURÜCKKOMMT

Wie mit gutem Feedback selbst schwierige Veränderungsprozesse bewältigt werden – auch wenn es lange dauert, bis es funktioniert. Es kann auch gefährlich werden

Sie sagten nichts. Überhaupt nichts. Sie saßen da und schwiegen. Fünfzehn Führungskräfte eines weltweit tätigen Konzerns, gut ausgebildete Manager, anständige Charaktere, eine erlesene Auswahl an Topleuten. Aber: alle verstummt. Und wir: ratlos.
Ein großer deutscher Konzern befand sich im Umbruch – oder besser: Der Konzern sollte komplett umstrukturiert, einzelne Unternehmensteile ausgegliedert und verkauft werden. Es gab Widerstände, die Belegschaft war alles andere als erfreut. Die Stimmung war diffus, nicht wirklich zu greifen. Wir sollten den Veränderungsprozess begleiten und waren als Berater gefragt. Eine große Aufgabe. Vor allem aber eine Geduldsprobe.
Wir veranstalteten Workshops. Es galt, die Leute zu stärken, ihre Stärken zu stärken, sie fit für die Veränderung zu machen, für klassisches Empowerment. Wir sahen uns als Wegbegleiter

in die neue Konzernstruktur. Das Ganze wurde mit einem enormen Aufwand betrieben. Es war eine weltumspannende Aufgabe, die Mitarbeiter aus allen Erdteilen in Atem hielt.
Mit den 15 Führungskräften trafen wir uns alle sechs Wochen zum Workshop in Deutschland. Sie reisten aus allen Teilen der Welt an. Es waren nette, moderne, aufgeklärte Manager. Einer erzählte einmal, wie er zu einer Aufsichtsratssitzung in New York seinen Sohn mitgebracht hatte und der Runde erklärte: »Heute ist Papa-Tag, deshalb ist er mit dabei.« Das hatte ihm bei den anderen Mitgliedern des Aufsichtsrats viel Sympathie eingebracht. Wie gesagt, nette, aufgeschlossene Menschen. Menschen, die sicher viel zu sagen hatten. Nur nicht bei uns.

Und was machten sie? Sie schwiegen.

Warum sprechen sie nicht mit uns? Diese Frage trieb uns um. Denn wir wollten Feedback. Einsicht ist der eine Weg. Man denkt nach, wo sind meine Fehler, und hat dann eine Eingebung, wie es künftig anders gehen soll. Für wesentlich wirkungsvoller halte ich dagegen ein gut organisiertes Feedback.

Feedback hilft, die anderen zu verstehen.

Das kann man gar nicht oft genug sagen. Eine Rückmeldung auf das eigene Tun, ein gutes Feedback gibt nicht selten den entscheidenden Kick. Fehler werden angesprochen, Missgriffe thematisiert. Man lernt, welche Wirkung das eigene Handeln hat, nimmt sich selbst besser wahr, korrigiert im besten Fall eigene Verhaltensweisen. Gutes Feedback hilft vor allem auch, die anderen zu verstehen. Im Feedback zeigt sich der Mensch.

Aber das Wichtigste beim Feedback ist das Sprechen. Und genau das taten unsere 15 Führungskräfte nicht. Sie schwiegen.

»Was würde dieses Schweigen sagen, wenn es reden könnte?«

Wir hatten die Workshops so angelegt, dass wir am Ende des Tages mindestens 15 bis 20 Minuten für das Feedback reservierten. Wir gingen sehr »geordnet« vor. Wir hatten drei Leitfragen, ganz simple Fragen:

1. Was fanden Sie gut?
2. Was fanden Sie nicht so gut?
3. Was sollten wir besser machen?

Der erste Tag näherte sich dem Ende. Ich stellte mich hin und fragte: »Was fanden Sie gut?« Es meldete sich keiner. Keiner wollte etwas sagen. Sie schwiegen. Sie schwiegen lang. Das muss man aushalten. Außerdem ahnten wir: »O Gott, was wird bei der nächsten Frage kommen, wenn sie bei der Frage nach dem Positiven alle schweigen.« Die werden mir gleich den Kopf abreißen, befürchtete ich. Immer noch kein Wort, es verging eine Minute, zwei Minuten. Und zwei Minuten Schweigen in einem Raum mit 17 Erwachsenen, da wird jede Minute zur Tortur.

Ich stellte also die zweite Frage: »Und was fanden Sie nicht so gut?« In Erwartung vieler kritischer Beiträge. Doch was passierte? Wieder Schweigen. Eine Minute, zwei Minuten. Nichts. Allmählich wurde es seltsam. Vor mir sitzen internationale Topmanager, und keiner bekommt den Mund auf.

Ich hatte aber noch Hoffnung. Dritte Frage: »Was sollen wir beim nächsten Mal besser machen?« Ich blickte in freundliche Gesichter. Keiner schien uns böse gesinnt. Doch sie sagten nichts. Niemand sagte irgendetwas. Stille. Absolute Stille. Oder besser: betretenes Schweigen. Wir haben die Sitzung dann beendet. Ich gab ihnen nur eine Frage mit auf den Weg: »Was würde dieses Schweigen sagen, wenn es reden könnte?« Schluss. Bis in sechs Wochen.

Das ist eine Lernfrage!

Nach sechs Wochen trafen wir uns wieder. Sie kamen aus den USA, aus Asien, aus verschiedenen Teilen Europas. Wir machten den Workshop. Sie arbeiteten relativ gut mit, wir konnten unser Programm durchziehen. Bis auf einen Programmteil: das Ende. Ich stellte also wieder meine Fragen: »Was fanden Sie gut?« Schweigen. »Was fanden Sie nicht so gut?« Schweigen. Und bei der dritten Frage? Genau: Schweigen. Auf Wiedersehen. Bis zum nächsten Mal.

Was haben Sie davon, kein Feedback zu geben?

Beim dritten Mal, inzwischen war ein Vierteljahr vergangen und wir wussten nicht, wie uns die Teilnehmer einschätzten, was sie von unserer Arbeit und unserem Workshop hielten, was ihnen das alles bedeutete, wie sie den Umbau ihres Unternehmens bewerteten, beim dritten Mal also ging ich gleich in die Offensive und begann den Workshop mit der Frage: »Welchen Gewinn ziehen Sie daraus, hier kein Feedback zu geben? Was haben Sie davon, unsere Abschlussfragen nicht zu beantworten?« Ich wollte keine unmittelbare Antwort. »Das ist eine Lernfrage, Sie sollen darüber nachdenken.«

Unser Ziel war: Wir wollten am Ende mit den Teilnehmern sprechen, nicht während des Workshops. Am Ende meldeten sich zwei Leute, streng nach Hierarchien geordnet, also nur diejenigen, die ganz oben standen, die ergriffen nun das Wort. Es waren kaum verwertbare Beiträge, alles belanglos.

Und der Rest? Wie gehabt: The Sound of Silence. Ich beschloss den Tag mit einer Frage: »Was würde das Schweigen sagen, wenn auch das Schweigen derer reden könnte, die nicht Chefs sind?« Auf Wiedersehen!

Dann, sechs Wochen später, das Wunder. Offenbar hatte die letzte Frage nachgehallt. Irgendetwas muss es bei ihnen ausgelöst haben. Nach einem halben Jahr des Schweigens erlebten wir nun am Ende des Workshops ein fast explosionsartiges Feedback. Alles kam hoch, sie ließen alles raus.

Sie berichteten von dem Druck, der auf ihnen lastete. Von den Ängsten, die sie umtrieben. Von den Mitarbeitern, die sie als »Verräter« bezeichneten. Von dem unguten Gefühl, für vieles den Kopf hinzuhalten, auch wenn es richtig und nachvollziehbar war. Hierarchieübergreifend öffneten sich die Teilnehmer. Alles kam auf den Tisch, offen und schonungslos. Es wurde ein außergewöhnliches Feedback, wir saßen eine gute Stunde länger als geplant zusammen. Wir sprachen über genau die Dinge, die auf dem Weg der Umstrukturierung die eigentlichen Herausforderungen waren. Es war genau der Input, der unseren Workshops bisher gefehlt hatte.

Er war der Schlüssel für einen qualitativ besseren Workshop. Mir schien, als hätten wir bisher an der eigentlichen Herausforderung vorbeigearbeitet. Erst jetzt zeigte sich die Aufgabe in voller Gestalt. Nun kamen wir wirklich ein Stück weiter. Dass wir die Geduld aufgebracht haben abzuwarten, dass wir ihnen nicht unser Tempo aufgedrückt hatten, dass wir Ruhe bewahrt haben, das zahlte sich nun aus.

Das Auftauen kann schon einmal ein halbes Jahr dauern

Wenn ich von »kleinen Lösungen« spreche, gehört das Feedback ganz oben auf die Liste.
Für mich ist das Feedback ein sehr effektives Werkzeug, um rasch eine Lösung herbeizuführen. Das sollte man nie unterschätzen. Es ist eine der kleinen Lösungen, die ich vielen anderen Lösungsansätzen vorziehe. Mit Feedback lösen sich selbst vermeintlich unverrückbare Tatsachen.

Es kann sich lohnen, Schweigen auszuhalten.

Bei Konzernen und sehr großen Organisationen braucht die Einführung einer Feedback-Kultur vor allem Zeit. Das »Unfreezing« – das Auftauen – kann schon mal ein halbes Jahr dauern. Aber das Warten lohnt sich. Denn ohne Feedback ist Komplexität nicht zu meistern. Da können Sie als Berater noch so kompetent und erfahren sein. Und die Erfahrung zeigt sich, wenn man in entscheidenden Situationen Schweigen aushalten kann. Bei einem großen Getränkehersteller haben wir allein mit organisiertem Feedback sogar das gesamte Unternehmen reformiert. Die kleine Lösung ganz groß sozusagen. Sowohl die Kultur als auch die Betriebsergebnisse des Unternehmens wurden besser. Zu Beginn schlugen wir mehrere Dinge vor, unter anderem eine Option: Einer von uns, in diesem Fall eine Beraterin, sollte an jedem angesetzten Meeting teilnehmen, das länger als eine Stunde dauert. Und sie sollte nicht moderieren, sondern nur beobachten. Erst gegen Ende sollte sie die Moderation des Feedbacks übernehmen beziehungsweise dafür Sorge tragen, dass es überhaupt stattfand. Und diese Option wählte der Chef. »Das klingt gut, das machen wir!«

Und so machten wir es. Nach jedem Meeting, das länger als eine Stunde dauerte, sollte es ein mindestens fünfminütiges Feedback geben. Inhalt: Wie verlief das Meeting? Was hätte besser gemacht werden können? Wie steht es um Ergebnisse? So wollten wir uns in diesem komplexen System einen Überblick über Absprachen, Entscheidungen und Verhaltenskultur verschaffen. Außerdem hofften wir, dass davon wichtige Veränderungsimpulse ausgehen, die wir als Berater nicht selbst initiieren müssen. Die Verabredung mit dem Feedback kündigten wir innerhalb des Unternehmens an – und waren gespannt, was passieren würde. Es passierte mal wieder alles.

Die Ankündigung des Feedbacks hat gereicht

In den Meetings, die länger als eine Stunde dauerten, funktionierte das Feedback wunderbar. Die Feedback-Ankündigung hatte aber auch eine Nebenwirkung: Es gab immer weniger Meetings, die länger als eine Stunde dauerten. Dann musste man ja kein Feedback machen. So hatten wir halb beabsichtigt, halb zufällig die Effizienz bei den Meetings erhöht. Es wurde nicht länger als nötig geredet, man achtete auf Zeitvorgaben – und das nur wegen der Ankündigung eines Feedbacks. Nicht einmal wegen des Feedbacks selbst.

Ich habe schon öfter darauf hingewiesen: Man darf den Menschen nicht unterschätzen. Er macht Dinge, die man nicht vorhersehen kann. Wir waren darauf vorbereitet, Feedback zu organisieren, waren aber doch überrascht, dass bereits unsere Ankündigung des Feedback-Verfahrens einen »Systemwechsel« möglich machte:
Gute Feedback-Runden bei den großen Meetings und viele kleine Meetings unter einer Stunde – ohne Feedback.

Feedback ist eine der wichtigsten Lernchancen.

Auch hier gilt: Bereits eine kleine Störung eines Systems kann eine Veränderung herbeiführen.
Ein Feedback ist in erster Linie ein Lernelement. Feedback dient beispielsweise auch dazu, dass man dem Unternehmen einen Spiegel liefern kann, in dem sich Unternehmen sehen können. Es fördert die Ehrlichkeit. Gibt es gutes Feedback, können wesentliche Fragen eines Unternehmens geklärt werden, und zwar auf drei Ebenen:

1. Wie geht es dem Einzelnen?
2. Wie geht es dem Team?
3. Wie geht es der gesamten Organisation?

Und wiederum »quer« dazu spielen drei Dimensionen eine wesentliche Rolle:

1. Wie werden die sachlichen Erfolge und Misserfolge innerhalb des Unternehmens wahrgenommen?

2. Welche Emotionen kommen hoch?
3. Gibt es Lernprozesse auf der Ebene des Einzelnen, der Teams und der gesamten Organisation?

Nur ein lernendes Unternehmen ist in der Lage, sich zu verändern. Lernen auf drei mal drei Ebenen.

Wenn eine Organisation auf den drei organisationalen Ebenen (der Einzelne, das Team, das Ganze) und auf den drei inhaltlichen Ebenen (sachliche Ebene, emotionale Ebene und Lernebene) aktiv ist, dann ist ein Unternehmen auch in der Lage, sich zu verändern. Dann entsteht im besten Fall so etwas wie eine lernende Organisation. In unserem Beispiel hat das Unternehmen extrem viel Nutzen aus der kleinen, aber erbarmungslos konsequenten Umsetzung eines disziplinierten Feedbacks gezogen und damit sehr viel Beratergeld gespart. Viele Führungskräfte und Unternehmen drücken sich immer wieder vor diesem einfachen und extrem wirksamen Instrument des Feedbacks.

To be involved oder: sich hineinbegeben!

Fakt ist: Im Management komplexer Systeme ist das Feedback unersetzlich. Nur im Feedback öffnen sich die Menschen, nur mit Hilfe des Feedbacks können sie sich wirklich einbringen. Das mag therapeutisch klingen, aber wenn man einen Veränderungsprozess vorantreibt und die Menschen, die Mitarbeiterinnen und Mitarbeiter, nicht anhört, ist die schönste Strategie obsolet. Im Englischen gibt es den schwer zu übersetzenden Begriff »to be involved« – Menschen miteinzubeziehen, das gelingt mit dem Feedback.

Einige Wochen später sollten wir mit 50 Führungskräften in einem anderen Unternehmen einen Workshop machen. Es ging um eine sowohl personelle als auch inhaltliche Neuausrichtung bei der Herstellung von speziellen Chemieprodukten. Was wir nicht wussten: Jeder der 50 hatte am späten Abend vorher von der Konzernspitze eine E-Mail erhalten. Der Inhalt war sinngemäß: »Wie Sie bereits wissen, wird das Unternehmen, abhängig vom wirtschaftlichen Ergebnis, in einzelne Sparten zerlegt. Ihre Sparte wurde heute an XY verkauft. Ihren alten Arbeitgeber gibt es in dieser Sparte nicht mehr. Sie sind jetzt beim Arbeitgeber XY. Vielen Dank für Ihren Einsatz. Mit freundlichen Grüßen …«
Ohne jede Vorwarnung kam eine E-Mail, die ankündigte: »Ihren Arbeitgeber gibt es nicht mehr. Mit freundlichen Grüßen«. Die Teilnehmer waren konsterniert, fassungslos. Es war eine Stimmung, wie ich sie so noch nie in einem Workshop erlebt habe. Sie saßen da, dachten an ihre Familien, ihren Beruf, ihre Zukunft. Sie blickten ins Leere und wollten alles, nur nicht mit uns einen Workshop machen.
Einer sagte: »Jetzt bin ich 20 Jahre dabei, und jetzt gibt es den Namen der Firma nicht mehr.« Ein anderer sagte: »Meine Frau sagte mir, ich solle sofort kündigen. Das sei eine Unverschämtheit. Seit drei Generationen arbeitet unsere Familie hier, so soll ich mich nicht behandeln lassen.« Andere schimpften: »Wir sind nur Stimmvieh, werden hin und her geschoben.« So ging es die ganze Zeit.
Wir sahen die Teilnehmer, und es war klar: Den geplanten Workshop, in dem es um die zukünftige Ausrichtung des Unternehmens gehen sollte, konnten wir so nicht machen. Alles, was wir vorbereitet hatten, konnten wir vergessen. Wer will jetzt Charts betrachten, wenn es um alles geht? Wer hat den Kopf frei für

ein Unternehmen, das einen eigentlich gar nicht mehr will. Für uns lag es auf der Hand: Der zuständige Vorstand musste ran und Farbe bekennen – und zwar sofort.

Eine E-Mail verursacht die Klimakatastrophe

Wir unterbrachen den Workshop und riefen den Vorstand an. Weil wir ein sehr gutes Miteinander in den Feedback-Runden eingeübt hatten, weil in dem Team aus Vorstand und uns Beratern so etwas wie funktionale Vertrautheit bestand, war er auch gleich am Telefon. Wir baten ihn herzukommen, es sei wichtig. Wir sagten ihm, was los war im Workshop. Die anonyme Form der Mitteilung über E-Mail hätte eine Klimakatastrophe ausgelöst. »Sie müssen sich stellen. Als Mensch. Als Verantwortlicher. Auch wenn es schmerzhaft wird. Und zwar gleich. Sonst reisen wir ab.«

Er willigte dann ein. Machte sich auf den Weg, trat einige Zeit später in den Raum und bekam, nun ja: Feedback. Die ganze Wut entlud sich an ihm, er wurde beschimpft, vor allem auch wegen der Vorgehensweise. Sie schrien ihn an: »Eine Mail – und mehr nicht! Das darf doch wohl nicht wahr sein.«

Der Vorstand hörte zu, hörte sich alles an. Geduldig. Zwischendrin bekam er einen roten Kopf, es ging wirklich zur Sache, aber er hielt durch. Er schlug nicht zurück. Er gab kein »Fies-Back«, und er griff die Teilnehmer auch nicht aus seiner Machtposition heraus an.

Er gab ihnen eine Erklärung: dass aufgrund drohender Börsenbewegungen nur vier Menschen eingeweiht werden durften, dass deshalb die absolute Geheimhaltung unumgänglich gewesen sei, dass es um die Rettung vieler Arbeitsplätze ging. Sie hörten ihn an. Er erklärte sich. Er machte das, was er, statt die Mail zu verschicken, gleich hätte tun sollen: sich stellen, sich erklären und dann zuhören und zuhören. Nichts anderes ist Feedback. Und deshalb ist es so wichtig in komplexen Systemen und gerade auch in Veränderungsprozessen.

Es geht beim Feedback nicht darum, recht zu haben.

Und nicht das Feedback mit Antworten und Rechtfertigungen zudecken. Das wäre Selbstbestätigungsfeedback – oder besser »Ego-Boost-Feedback«. Weil ich dann nicht wirklich zuhöre, sondern recht behalten will. Beim Feedback geht es nicht darum, ob ich recht habe, sondern darum, was die anderen erleben, fühlen und reflektieren.

Wie gesagt: Immer wieder erleben wir, wie sich Menschen und Unternehmen davor drücken, konsequent eine hochwertige Feedback-Kultur einzuüben und durchzuhalten. Aber ohne sie kann man Komplexität nicht meistern. Keine Chance. Obwohl viele es verstehen, machen es doch nur wenige.

Warum? Vielleicht, weil es auch gefährlich sein kann, wenn zu viel Wahrheit auf den Tisch kommt. Manchmal ist das so.

Das Büro war leer, der Chef weg

Ein anderes Feedback-Erlebnis: In einem Unternehmen mit rund 3000 Mitarbeitern haben wir die Einkaufsprozesse untersucht. Diese liefen weitgehend automatisiert ab. Wir sollten einen Blick darauf werfen, weil es Fehlbestände in erheblichem Umfang gab. Offenbar verschwand Ware. Keiner konnte sich erklären, warum und wohin. Außerdem gab es Unstimmigkeiten in den Verbrauchslisten.

Das war ein tatsächlich komplexes Problem. Wir beharrten darauf, auf Sachbearbeiterebene ohne Gruppen- und Abteilungsleiter nach den Ursachen zu forschen. Die Mitarbeiter und Mitarbeiterinnen durften ihre Chefs nicht über die Ergebnisse der Gruppenarbeiten informieren.

So hatten wir es mit dem Vorstand schriftlich vereinbart. Doch dann wurde es mir unheimlich. Ich hatte den Eindruck, dass in der Lieferkette an einer bestimmten Stelle Ware »verloren« ging. Deshalb bat ich eine Seniorkollegin aus unserem Team, sich einen Termin beim Einkaufschef des Unternehmens geben zu lassen, um ihn vorzuwarnen. Es sei dringend.

Ohne Feedback lässt sich Komplexität nicht meistern.

Zwei Tage später bekam sie um acht Uhr morgens einen Termin. Als sie kurz nach acht das Vorzimmer betrat, war seine Sekretärin völlig aufgelöst und heulte. »Kommen Sie einmal mit ins Büro meines Chefs! Ich raffe es nicht. Da ist alles leer. Und er ist nicht da. Und er geht nicht ans Handy.« Sie zerrte die Kollegin in das Büro. »Hier schauen sie, alles ist leer geräumt. Der ist weg!« Und wieder heulte sie. Ihr Chef befand sich zu diesem Zeitpunkt schon außerhalb Deutschlands und wurde später rechtswirksam wegen Betrugs verurteilt.

So wirksam kann die Ankündigung eines Feedback-Gesprächs sein. In gewisser Weise war das auch eine kleine Lösung. Das Problem war gelöst. Lediglich mit einer Terminankündigung.

Was zurückkommt, ist wichtig. Ohne systematisches Feedback

auf allen Ebenen werden Sie Komplexität niemals meistern. Zuhören auf der Sachebene, zuhören und nachfühlen bei den Emotionen und darüber nachdenken, reflektieren, also daraus lernen, enthält unglaubliches Potenzial für das Managen komplexer Situationen. Mit gutem Feedback können selbst schwierige Veränderungsprozesse bewältigt werden. Es kann aber auch gefährlich werden, wenn die ganze Wahrheit auf den Tisch kommt.

7. VOLLBREMSUNG BERGAUF MIT 160 TONNEN

Wenn man denkt, man hätte an alles gedacht, und am Ende fehlen zehn Zentimeter für eine Vision

Zehn Jahre sind eine lange Zeit. Wir haben zehn Jahre an einem Projekt gearbeitet, haben zehn Jahre lang eine Vision verfolgt. Mit vielen Forschungsinstituten und vielen Industrieunternehmen. Und am Ende haben uns zehn Zentimeter gefehlt. Man hängt sich rein, beschäftigt sich über Jahre mit einer Idee. Und am Ende ist es eine Kleinigkeit, die über Erfolg oder Misserfolg entscheidet.

Dieses Projekt ist ein Ereignis in meinem Leben, das mich immer noch sehr bewegt. Weil es diese eine Vision gab, an die wir geglaubt haben, weil wir es Tag für Tag, Monat für Monat, Jahr für Jahr im Blick hatten. Und weil wir überzeugt waren, dass wir für jedes denkbare Problem, das auftreten könnte, eine Lösung finden würden.

Und dann haben zehn Zentimeter gefehlt.

Die Idee war der vollautomatisierte Güterverkehr – und zwar nicht auf der Schiene, sondern auf der Straße. Wir waren mehrere Institutsleiter der Rheinisch-Westfälischen Technischen Hochschule Aachen (RWTH), und wir wollten es anders machen. Die Devise in Politik und Verbänden war: Runter von der Straße, rauf auf die Schiene. Güter und Waren sollten per Bahn transportiert werden. Das war auch Teil der Privatisierungspläne der Bahn und erklärter Wille der Politik. Die Autobahnen sollten den Pkw vorbehalten sein. Das war und ist aber eine Illusion, wenn – wie derzeit der Fall – 80 Prozent des Güterfernverkehrs über die Straße rollen. Selbst wenn man mit aller Gewalt die Schiene ausbaut, der größte Teil des Güterfernverkehrs wird auf der Straße bleiben. Das geht nicht anders. Viele wollen das auch heute noch nicht wahrhaben.

Wir gingen einen Schritt weiter

Und dann kamen wir mit unserer Idee, die Lkws auf der Straße wie einen Güterzug zu behandeln. Also den Zug auf die Autobahn bringen. Wenn schon so viele Lkws auf der Straße fahren, dann wenigstens effizient, energiesparend und sicher. Das war genau das Gegenteil von dem, was bundesweiter Konsens war. Damals träumte man noch davon, die Mehrzahl der Fern-Lkws auf die Schiene zu bringen.

Wir standen gegen den Mainstream. Nicht die schlechteste Voraussetzung, um etwas Zukunftsweisendes zu wagen. Wir aber gingen damals noch einen Schritt weiter: Wir wollten vollautomatische, selbstfahrende Lastwagen auf die Straße bekommen. Unsere Idee war, den Güterverkehr effizienter und gefahrenfreier zu machen.

Eine Reihe automatisch hintereinander fahrender, elektronisch gekoppelter Lastwagen schien uns weniger gefährlich als Lkws mit übernächtigten Fahrern und besser als sich ständig gegenseitig überholende Lkws, die den übrigen Verkehr aufhalten. Der Zug auf der Straße. Das war eine Idee. Damals begann auch die Diskussion um die Giga-Liner, um die überlangen Lastwagen, die auf die Straße sollten. Außerdem war es die Zeit, als man begann, sich wegen des überlasteten Verkehrs Gedanken zu machen über Verkehrsleitsysteme, intelligente Steuerung des Verkehrs bis hin zu neuen Kommunikationsmöglichkeiten der Autos untereinander.

Manchmal muss man gegen den Mainstream schwimmen.

Wir waren schon damals davon überzeugt, dass in Zukunft Fahrzeuge miteinander in Kontakt stehen und sich gegenseitig mit Informationen versorgen. Dass es im Fahrzeugbau längst weggeht von der reinen Mechanik hin zu mehr Elektronik, ist offensichtlich. Dass für das Verständnis eines Motors heute IT-Wissen genauso wie Maschinenbauwissen vonnöten ist, diese Entwicklung war schon damals offensichtlich. Und dass diese Vision inzwischen Realität ist, zeigen die vielen Assistenz-Systeme oder Control-Systeme, die Kameras und Sensoren, mit denen heutige Pkws ausgestattet sind und die dem Fahrer einige Manöver und eine Vielzahl an Beobachtungen abnehmen.

Integrieren Sie, wen Sie finden können

Wir marschierten also los. Zum einen prüften wir die technische Machbarkeit, zum anderen mussten wir auf der Behördenseite insgesamt sechs Ministerien aus Bund und Land für unser Projekt gewinnen. Es gelang uns, ein großes Konsortium zusammenzubringen, etliche Unternehmen waren beteiligt, Lkw- und Motorenhersteller, Hersteller von Bremssystemen, aber auch andere Technologiefirmen. Juristen, Arbeitspsychologen, Arbeitsmediziner, Straßenbauer, Verkehrsplaner und Kfz-Forscher waren ebenso wichtig wie Polizei und Ausbildungseinrichtungen für Lkw-Fahrer und Kfz-Versicherer. Nicht zu vergessen, der Regierungspräsident von Köln. Es war eine große Runde. Uns war es wichtig, niemanden außen vor zu lassen. Das ist immer das größte Risiko.

Den Gegnern den Wind aus den Segeln nehmen

Wenn Sie einen Partner nicht einbeziehen, der der Auffassung ist, dass er für das Vorhaben wichtig ist, müssen Sie damit rechnen, dass er Ihnen später prompt querschießt. Deshalb: Integrieren Sie, wen Sie finden können. Vor allem auch potenzielle Gegner. Sie nehmen ihnen den Wind aus den Segeln, wenn sie in die Planung miteinbezogen werden.

Wir unternahmen also ungemein große Anstrengungen, um sämtliche Stellen mit ins Boot zu nehmen. Und an alle Details zu denken, die relevant sind. Trotzdem hatten wir eine Kleinigkeit außer Acht gelassen. Das sollte sich als folgenschwer erweisen.

Wir nannten das Projekt »Konvoi« – und sprachen nicht darüber, zumindest nicht öffentlich. Wir wollten das Projekt nicht gefährden, wir wollten nicht mit negativen Einschätzungen über-

häuft werden. Und wir wollten nicht unnötig Kritik und Widerspruch riskieren. Es wäre nicht angemessen gewesen.
Umfangreiche Studien wurden gemacht. Auch juristische Untersuchungen waren notwendig im Hinblick auf Straßenzulassung und Versicherungsrecht. Als die erste juristische Studie fertig war, geschah eine Tragödie. Der Bearbeiter der Studie – ein knapp 30-jähriger Kollege – war am Ende eines Staus auf der A4, ein Lkw fuhr mit vollen 80 Kilometern pro Stunde auf. Der Kollege war sofort tot. Für uns war das ein Schock und Ansporn zugleich.
Für die Entwicklung gingen einige Jahre ins Land. Und als wir die Fahrzeuge so weit hatten, dass sie tatsächlich hintereinander fahren konnten, fuhren wir Testkilometer für Testkilometer. Insgesamt waren es 50 000 Fahrkilometer, die wir in den Jahren auf Teststrecken zurückgelegt haben. Eine unwahrscheinlich große Zahl. Aber wir wollten es richtig machen. Wir wollten keinen Fehler machen. Wir hatten wirklich jedes Detail getestet. Fast jedes, wie sich hinterher herausstellen sollte.
Die Testkilometer haben auch die zuständigen Behörden überzeugt. Nun galt es, das System einem Praxistest zu unterziehen. Dem gesamten Konsortium war daran gelegen, die automatischen Lkws möglichst unter realen Bedingungen zu testen. Nur so sahen wir alle eine Chance auf eine Einführung des Systems.

Insgesamt 160 Tonnen auf die Straße bringen

Also begannen wir, mit den Behörden zu sprechen. Wir legten die Ergebnisse der Testfahrten vor. Wir zeigten unsere Pläne, unsere Ideen. Auch das dauerte seine Zeit.

Schließlich bekamen wir die Erlaubnis, mit den vollautomatischen Lkws in Viererkonvois auch im realen Verkehr zu fahren. Der Fahrer im ersten Lkw fährt den Konvoi. Die anderen drei Fahrer sind nur zur Sicherheit in den Folgefahrzeugen und übernehmen bei Zwischenfällen wieder die Verantwortung. Die technische Sicherheitsaufsicht wurde dabei auf uns übertragen. Das heißt: Wir mussten selbst entscheiden, ob wir die Fahrzeuge bei einem Fehler aus dem Betrieb ziehen – oder nicht. Wir waren für alles, was passieren sollte, verantwortlich.

Vier Lastwagen fuhren elektronisch gekoppelt im Abstand von zehn Metern. Es handelte sich bei den Lastwagen um vier Vierzigtonner, also normale Transportfahrzeuge, wie sie überall eingesetzt werden. Wir fuhren also insgesamt 160 Tonnen Schwertransport auf Autobahnen im normalen fließenden Verkehr. Mit 80 Stundenkilometern, Tag und Nacht. Vier Lkws, unsichtbar miteinander verbunden. Ein Novum.

Geisterfahrer auf der A 1?

Unsere »Teststrecke« im realen Leben wurde unter anderem die A 1. Eine viel befahrene Strecke, eine der wichtigsten Autobahnen in Deutschland. Wir machten uns also auf, immer und immer wieder, mit der anhaltenden Befürchtung, es bekäme jemand Wind davon, wie ein paar Wissenschaftler nachts auf deutschen Autobahnen »ferngesteuerte« Lastwagen brettern lassen. Wir alle wussten, dass Schlagzeilen in der *Bild-Zeitung* wie »Geister-Lkw auf der A 1« oder »Wissenschaftler der RWTH Aachen schicken Lkw ohne Fahrer auf die Autobahn« das Experiment mit Sicherheit torpediert hätten. Die ganze Entwicklungszeit, die ganze Vorbereitungszeit wären für die Katz gewesen.

»Klaus, wir haben ein Problem«

Wir testeten das System 5000 Kilometer im realen Verkehr. Ich ließ es mir nicht nehmen, um die Belastbarkeit des Systems zu testen, einmal zwischen zwei der aneinandergekoppelten Lkws zu fahren. Ich scherte mit meinem Pkw in den zehn Meter langen Zwischenraum ein. Es war riskant, aber es funktionierte.

Dann, eines nachts klingelte mein Telefon: »Klaus, wir haben ein Problem!«

O Gott. Diesen Anruf hatte ich immer befürchtet. Der Kollege sagte: »Unsere Lkws haben auf der Autobahn eine Vollbremsung hingelegt, und zwar bergauf. Obwohl kein Verkehr war.«

Eine Vollbremsung? Bergauf? Warum bremsen die Lkws einfach? Bergauf? Was ist da los?

»Wir können es uns nicht erklären.« Ratlosigkeit. Keiner wusste, woran es lag. Mir war klar, dass wir die Sondererlaubnis sofort stoppen mussten. Keine Sekunde durfte das länger erlaubt sein. Das wäre das Ende des Projekts, wenn jetzt noch mehr passieren sollte. Wir haben die Straßenzulassung sofort widerrufen und nach dem Fehler gesucht. Was war nur passiert? Es stellte sich heraus: Wieder einmal war es eine Kleinigkeit.

Wir hatten die Lkws ja in einem Abstand von genau zehn Metern gekoppelt, so dass nur noch der erste Fahrer fahren musste. Mit insgesamt 160 Tonnen beladen, fuhren die so gekoppelten Lkws mit knapp 80 Stundenkilometern über die Autobahn, auch bergauf. Doch am Berg wurden sie langsamer und langsamer. Und dann gab es die Vollbremsung. Wir machten uns daran, untersuchten jede Kleinigkeit. Bis wir den Fehler fanden: Die Ursache lag in den unterschiedlichen Leistungen und dem unterschiedlichen Schaltverhalten der beiden ersten Lkws. Während der erste LKW noch in einem hohen Gang fuhr, musste der zweite am Berg bereits zurückschalten und hatte dann eine relativ hohe Beschleunigung. Zum gleichen Zeitpunkt schaltete auch der erste Lkw einen Gang zurück. Bei diesem Manöver wurde der zulässige Mindestabstand von 9,50 Metern unterschritten und die Notbremsung ausgelöst. Ein paar Zentimeter hatten gefehlt.

Einfach nur zehn Zentimeter weniger

Wir haben den Mindestabstand dann von 9,50 auf 9,40 Meter verringert, und es funktionierte wieder alles. Wieder einmal eine Kleinigkeit, eine kleine Lösung für das große Ganze. Ohne die Liebe zu diesem Detail hätte das Ganze zu scheitern gedroht. Mit diesem Blick für die kleine Lösung gelang das Ganze, und wir konnten weiterfahren.

Die wahre Natur von Systemen zeigt sich im realen Einsatz.

Es ist immer das Gleiche: Noch so viele Simulationen mit Rechnern oder auch im Testfeld können nicht verhindern, dass sich die wahre Natur von Systemen erst im realen Einsatz zeigt. Immer wieder glauben Menschen irrtümlicherweise, dass man das verhindern könnte. Und noch etwas zeigte sich: Wir glaubten, an alles gedacht zu haben, und scheiterten dann fast an einer Kleinigkeit.

Meine Schlagzeile in der *Bild-Zeitung* habe ich aber dennoch bekommen

Ein Kollege schickte mir ein Foto, auf dem die *Bild-Zeitung* zu sehen war und die Schlagzeile: »RWTH Aachen fährt mit 160-Tonnen-Monster-Lkw auf der Autobahn«. Ich erstarrte. Ich war unterwegs im Auto, fuhr sofort rechts ran. Und begann zu telefonieren. »Ja, Klaus, die *Bild* hat von dem Konvoi erfahren«, sagte mir mein Kollege. Ich legte auf und begann die Beteiligten abzutelefonieren. Beim Bundesverkehrsministerium konnte ich es förmlich vor mir sehen, wie der Abteilungsleiter erbleichte. Dann rief ich noch andere an, auch unsere Partner in der Industrie, überall dieselbe Reaktion: Was für ein Tiefschlag. Und wie sollen wir darauf reagieren? Wer spricht? Wer sagt etwas? Wer übernimmt die Verantwortung? Ich legte einen ungefähren Schlachtplan fest.

Als ich die meisten abtelefoniert hatte, rief ich noch einmal mein Büro an und erkundigte mich beim Projektleiter nach dem neuesten Stand. Ich erzählte ihm, was ich alles gemacht hatte. In der Leitung war es still. »Bist du noch da?« »Ja«, tönte es kleinlaut zurück. »Hast du das wirklich gemacht? Oder ist das ein Aprilscherz von dir?« – »Nein, das ist mein voller Ernst.« »Aber heute ist der 1. April.« Da fiel bei mir der Groschen. Ich legte wieder auf und rief alle Betroffenen noch mal an, Bundesverkehrsministerium, Bundesforschungsministerium, Industriepartner. »Sorry, ich bin auf einen Aprilscherz reingefallen.« Alle waren erleichtert. Mir war es megapeinlich, und ich war echt sauer.

Der Projektleiter hatte sich einen Jux erlaubt. Dass er dabei mit meiner Angst vor dem Misslingen des Projekts spielte, machte den Scherz zwar genial, erschütterte mich aber tatsächlich bis

ins Mark. Ein Scherz, aber einer der ganz heftigen Sorte. Der Abteilungsleiter im Bundesverkehrsministerium erzählte mir später, dass er schon seine Leute zusammengetrommelt hatte, um eine Stellungnahme des Ministers vorzubereiten.
Es dauerte ein Weilchen, bis ich den Scherz verkraftet hatte. Ich redete auch nicht mit dem Projektteam. Erst Tage später kam ich zu einer Sitzung des Projektteams dazu. Als ich eintrat, wurde der Projektleiter kreidebleich. Er entschuldigte sich sofort für den Aprilscherz. Ich nahm die Entschuldigung an und ging sofort zur Tagesordnung über. Nach der Sitzung kam er zu mir und sagte: »Vielen Dank, dass du mich nicht rausgeschmissen hast. Ich hätte dafür volles Verständnis gehabt.« Wir arbeiten heute noch sehr gut zusammen.

8. ANSTELLE VON ZUSTÄNDIGKEITEN VERANTWORTUNG FÜR ERGEBNISSE – ABER DAS IMPROVISIEREN NICHT VERGESSEN!

Warum Eiswürfel nur eine vorübergehende kleine Lösung sind

Eine deutsche Großstadt wollte endlich die Informations- und Telekommunikationstechnik für die Verwaltung zentralisieren. Bis dahin hatten alle Referate und Eigenbetriebe ihre eigene Technik – vom Abfallwirtschaftsbetrieb bis zum Kreisverwaltungsreferat –, fast 20 unterschiedliche Ansätze. Es war extrem unübersichtlich und entsprach nicht einer modernen IT-Struktur.

Überhaupt ist IT im kommunalen Bereich eine höchst komplexe und sensible Angelegenheit. Vermeintlich unscheinbare IT-Lösungen wie »Waffenschein ausstellen« sind komplexe Aufgaben; es bedarf komplexer Lösungen. Es muss zum Beispiel gewährleistet sein, dass der Waffenschein des Waffenhalters bei einem Wohnsitzwechsel automatisch mit umzieht. Und das sollte natürlich zuverlässig und fehlerfrei klappen. Aber auch eine kleine gesetzliche Änderung beim Ausstellen eines einfachen Personalausweises kann ein ganzes IT-Projekt zur Folge haben. Oft ist den Gesetzgebern gar nicht klar, was durch kleine Gesetzesänderungen an Folgekosten bei der Umsetzung produziert wird.

Die neue IT-Organisation startete über mehrere Jahre mit einem Planungsprojekt, in dem die Grundstrukturen festgelegt wurden. Zum Beispiel wurde die Frage geklärt, was bei einer Zentralisierung der Technik in den einzelnen Referaten bleibt und was zentralisiert wird und in welcher Rechtsform.

Bei der zentralen Einrichtung entschied man sich für einen sogenannten Eigenbetrieb: keine eigene Rechtspersönlichkeit, sondern nach wie vor städtische Organisationseinheit, jedoch organisiert wie ein Unternehmen nach den Vorschriften des HGB, mit eigenem Vermögen, mit eigener Struktur und mit Leistungspreisen, die mit richtigem Geld bezahlt werden müssen. Das Konzept des zentralen IT-Dienstleisters war geboren.

Von der Zuständigkeit zur Verantwortung für Prozesse

Die Firma Xenium und wir von der OSTO® Systemberatung kamen etwa ein Jahr vor der offiziellen Gründung des zentralen IT-Dienstleisters als Strategieberater dazu. Die Stadt hat diesen Wandel sehr aufwendig, aber auch sehr konsequent durchgezogen. Für die oberste Führungsebene des zentralen IT-Dienstleisters hatte man die meisten Führungskräfte aus der Wirtschaft geholt. Man wollte externe Erfahrungen. Es handelte sich dabei um ehemalige CIOs oder IT-Berater. Hinzu kamen 20 IT-Architekten vom zentralen IT-Dienstleister sowie 20 Facharchitekten aus den Referaten, die die Fachanforderungen modellierten. Und von Anfang an ging es darum, vom Zuständigkeitsdenken wegzukommen und hin zur Übernahme von Ergebnisverantwortung und zum Denken und Handeln in Projekten und Prozessen.

Dann ist zum Beispiel einer für den Incident-Prozess verantwortlich, also für alle ITK-Störungen in der Stadt. Er ist letztverantwortlich für die Art und Weise, wie die Dinge ablaufen, aber auch dass sie ablaufen. Wenn die IT der Stadtbibliotheken steht oder sich die Bürger in der Führerscheinstelle stauen, weil die Computer die Netzanbindung zum Kraftfahrtbundesamt verloren haben.

Kommunikation fördert man, indem man Sinn stiftet über Werte, Normen und Prinzipien.

Unsere Aufgabe bestand unter anderem darin, die »Kommunikationsprozesse zum Leben zu bringen«. Innerhalb der IT sollte die Kommunikation verbessert werden. IT und Kommunikation – für manche ohnehin ein Widerspruch. Denn jemand, der in der IT arbeitet, betrachtet seine Arbeit durchaus als Kommunikation. Doch in Wahrheit ist es immer wieder nur ein Informationsaustausch, aber keine wirkliche Kommunikation. Es muss sich nichts ändern, wenn man eine Information weiterreicht. Durch echte Kommunikation ändert sich etwas bei denjenigen, die an der Kommunikation beteiligt sind. Man baut den anderen in sein Weltbild ein, um es mal etwas vereinfacht auszudrücken. Es passiert etwas.

Wie schafft man eine gute Kommunikation?

Die Frage lässt sich leicht beantworten: Indem man miteinander an dem Sinn und Zweck der Organisation arbeitet – an Werten, Normen und Prinzipien. Kurz gesagt: Sinn stiftet. Dann fangen Menschen an zu sprechen. Ich meine damit nicht den Aufbau des zentralen IT-Dienstleisters. Eine Aufbau- und Ablauforganisation mag hervorragend sein, aber sie schafft keine Kommunikation – sie kann Kommunikation fördern oder hemmen, manchmal sogar verhindern. Kommunikation entsteht, wenn jeder Einzelne die gemeinsame Verantwortung entdeckt. Wenn man feststellt, dass es sinnvoll ist, wofür man sich tagein, tagaus engagiert. Auf allen Ebenen. Von der Werksleitung, bei der vielleicht der Oberbürgermeister in der Telefonleitung hängt, bis zum Service-Desk, wo sich ein aufgebrachter Mitarbeiter des Kreisverwaltungsreferats meldet, weil sein PC nicht funktioniert. Nun laufen trotz allem immer wieder Dinge schief, und es »brennt«. Das ist in jeder Organisation so.

Und wenn es brennt, kennt man in den Dörfern die Einrichtung der freiwilligen Feuerwehr. Dieser Gedanke entwickelte sich auf einem unserer zahlreichen Workshops mit den 30 oberen Führungskräften des zentralen IT-Dienstleisters: die Idee mit der freiwilligen Feuerwehr.

Menschen, die durchs Feuer gehen

Die freiwillige Feuerwehr ist eine sinnstiftende Organisation. Es sind normale Leute, Väter, Handwerker, Kaufmänner, die alles stehen und liegen lassen und mitunter ihr Leben riskieren. Man muss wissen, mit wem man gemeinsam im wahrsten Sinne des Wortes »durchs Feuer« geht. Da muss man kommunizie-

ren. Schnell sein, diszipliniert sein. Ein Team sein. Im Einsatz auf Kommando hören. Und doch im Krisenfall autonom und eigenverantwortlich handeln. Aber immer das Ganze im Blick haben. Kommunikativ unterwegs sein.
Es ist dann also so eine Art freiwillige Feuerwehr eingeführt worden. Wenn etwas passiert, wenn es einen Notfall gibt, einen schwerwiegenden ITK-Fehler, dann sollte es in Zukunft einen »Feueralarm« geben. Dieser Notfall hat dann Priorität.
Es ist während der gesamten Servicezeiten immer ein Eskalationsmanager benannt, der den Einsatz auslösen darf und koordinieren muss. Und wenn sozusagen die »Sirene« heult, dann darf er quer durch die Organisation hinzuziehen, wen er braucht. Das kann auch den Chef treffen. Der Eskalationsmanager muss den Einsatz natürlich auch wieder beenden. Wie bei der Feuerwehr eben.

Die freiwillige IT-Feuerwehr

Auslöser für diese Idee war ein Stromausfall in der Innenstadt. Wir hatten zufällig an diesem Tag einen unserer Workshops mit den 30 Führungskräften. Plötzlich hieß es: Nichts ging mehr in der Innenstadt. Es gab keinen Strom.
Die U-Bahn stand, die Ampeln funktionierten nicht, es gab kein Licht, keinen Strom. Die Innenstadt war dunkel. Das Stadtzentrum war handlungsunfähig. Fast.
Eine Servicebereichsleiterin des Betriebs saß in einer der festliegenden U-Bahnen. Sie telefonierte mit ihrem Handy, erkundigte sich, ob der Notstrom angegangen war, und dirigierte aus der U-Bahn heraus das Rechenzentrum. Eine heikle Sache. Aber es funktionierte.

Denn man tat etwas, was heute manchmal in Verruf geraten ist: improvisieren.
Wer auch dann noch klar denkt, wenn die Regeln nicht mehr gelten, wenn das Chaos ausbricht, ist immer im Vorteil.

Improvisieren, wenn es sein muss

Setzen Sie sich Situationen aus, die Sie vorher noch nicht so erlebt haben. Lernen Sie, mit dem Ungewissen umzugehen. Wenn wir als Berater in Firmen oder Behörden arbeiten, haben wir immer das Ziel, eine Kultur zu schaffen, die sich zwischen Regel-Einhalten und Improvisieren einpendelt. Im Grunde sollte das zu den wichtigsten »Einstellungsvoraussetzungen« in den Stellenanzeigen gehören.
»Was wir von Ihnen erwarten?« Nicht in Zuständigkeiten und Abteilungen denken. Sondern in Ergebnisverantwortung und Prozessen. Und improvisieren können – wenn es sein muss.

Improvisierte Lösungen können eine neue Ordnung schaffen.

Das »Beste« ist natürlich, wenn Mitarbeiter in einer Chaossituation erlebt haben, wie wichtig es ist, improvisieren zu können. Dass man dann nicht die Flinte ins Korn wirft, wenn etwas noch nie Dagewesenes auftaucht. Denn Improvisieren ist auch eine »kleine Lösung«.
Gute, improvisierte Lösungen haben nicht selten enorme Wirkung – und können auch eine neue Ordnung schaffen, die man dann nach und nach durch eine nachhaltige Lösung ablöst. Ge-

nau das haben wir auch erlebt. Und zwar in einem städtischen Forsthaus, mitten im Wald gelegen. Dort war die IT ausgefallen. Und die IT war absolut notwendig, um Holz verkaufen zu können. Und ohne IT kein Holzverkauf mit erheblichen Einnahmeausfällen.

Das Forsthaus ohne Anschluss

Die erste Vermutung lautete: Die Netzverbindung war nicht ausreichend, nicht breit genug für die Datenmengen. Man musste also die Leistungsfähigkeit der Netzverbindung steigern, um größere Datenmengen transportieren zu können. Dafür hatte die Stadt mit einem Service-Provider einen Rahmenvertrag.
Man erkundigte sich bei dem Service-Provider, ob die Möglichkeit einer stärkeren Leitung bestand. Der Anbieter sagte, er müsse den gesamten Weg durch den Wald zum Forsthaus aufgraben lassen, um neue Leitungen zu legen, Kostenpunkt: rund 140 000 Euro. Ziemlich teuer.
Das konnte nicht die Lösung für das Forstamt sein. Aber es bestand ja ein Rahmenvertrag. Die Verantwortlichen dachten noch einmal nach und arbeiteten ergebnisorientiert: Sie wollten das Problem des Kunden lösen. Ein anderes großes Telekommunikationsunternehmen bot eine Lösung für 800 Euro an, weil es eine Mischkalkulation über alle seine Anschlüsse macht. Dazu musste jetzt eine kleine Lösung gesucht werden. Also raus aus dem Rahmenvertrag. Ein Loch im Zaun finden, das es erlaubte, den Auftrag über 800 Euro zu erteilen. Wenn da nicht Kundenorientierung, Rechtsverständnis und eine gehörige Portion Pragmatismus vorherrschend gewesen wären, dann hätte das Forsthaus eine ganz schöne Summe zu bezahlen gehabt.

In der mit den Mitarbeitern erarbeiteten Strategie für den zentralen IT-Dienstleister gibt es ein Motto: »Wir lösen die Probleme unserer Kunden mit Augenmaß und Pragmatismus.« Schön, wenn strategische Sätze und Vereinbarungen auch verstanden und vor allem gelebt werden. Im vorliegenden Fall mussten von der Basis bis zu den Werksleitern alle ihren Beitrag dazu leisten. Hierarchieübergreifend. Am Problem orientiert und an den Prozessen.

Probleme der Kunden mit Augenmaß und Pragmatismus lösen

Leider kam dann das nächste Problem: Der Router benötigte aktuelle Software, damit er sich mit der leistungsfähigeren Netzverbindung verstand. Das Passwort kannte aber nur ein ehemaliger Mitarbeiter des ehemaligen Lieferanten. Also: den Mann ausfindig machen. Und er erinnerte sich noch an das Passwort! Vielleicht war es ja auch 123456.
Doch schon tat sich ein neues Problem auf: Der Router verstand sich nun zwar mit der Netzverbindung, aber nicht mehr mit dem Server, weil er schon etwas betagt war. Also musste der Router ausgetauscht werden.
Und? Genau: ein weiteres Problem: Der Server passte nicht mehr zur Leistung der neuen Netzverbindung, weil er auch schon betagt war. Also musste der Server ausgetauscht werden.
Alles schien jetzt okay zu sein. Es funktionierte alles. Zumindest anfangs. Dann wurde es dem Router zu heiß; er fiel immer wieder aus.

Ein paar Eiswürfel

Dann folgte eine geniale Zwischenlösung: Man packte ein paar Eiswürfel in eine Tüte und legte sie auf den Router. Und siehe da: Der Router kühlte sich ab und lief wieder. Aber das Problem war damit nicht wirklich gelöst. Und bei aller Liebe zur Improvisation, man konnte ja nicht permanent den Router mit neuen Eiswürfeln versorgen.

Jetzt blickten alle noch genauer hin. Das Forsthaus hatte den leistungsstärkeren Server bekommen, man hatte die neue Hardware in Betrieb genommen – aber der Förster musste immer Eiswürfel für den Router im Haus haben. Und nur dann konnte er Holz verkaufen.

So langsam setzte sich das Puzzle zusammen: Der neue Server und der Router waren im selben Raum untergebracht. Der neue Server produzierte deutlich mehr Wärme als der bisherige. Er war für die Wärme im Serverraum verantwortlich und dafür, dass der Router regelmäßig überhitzte. Und dann endlich kam man auf die Lösung, auf eine kleine, improvisierte Lösung mit einer großen Wirkung: Tür auf und für Durchzug sorgen.

Nun konnten Server und Router ausreichend abkühlen und der Förster wieder ungehindert sein Holz verkaufen.

Die dauerhafte Lösung dauert länger

Die Geschichte ist noch nicht zu Ende. Denn es muss nach einer dauerhaften Lösung gesucht werden, die in die Standards passt und keine Sonderlösung darstellt. Das ist richtig und notwendig. Aber diese Suche kann jetzt in Ruhe erfolgen.

Es kann einem schon einmal passieren, dass man bei den kleinen Lösungen die Komplexität des Problems unterschätzt und zu schnell glaubt, eine dauerhafte Lösung gefunden zu haben. Man hatte in der Anfangsphase nicht genau genug hingeschaut. Alles musste schnell gehen. Eine genauere Diagnose des Systems hätte wahrscheinlich schneller zu einer kleinen Lösung geführt.

»Man muss doch nur …« – das ist keine Lösung.

Kleine Lösung heißt eben nicht: »Man muss doch nur …« Sondern: Man muss die Komplexität und Dynamik eines Systems – in diesem Fall das Forsthaus mit seinem Holzverkauf – angemessen erfassen und verstehen, so wie es ist, egal wie grausam das ist.
Und erst dann nach einer kleinen Lösung suchen als Brücke zu einer dauerhaften. Wenn das dann noch nötig ist.

9. CHAOS AM LAUFENDEN BAND

Wann man Komplexität und Dynamik erhöhen kann, damit die Produktivität am Fließband gesteigert wird

Es musste mehr rauskommen. Bei einem großen Landmaschinenhersteller hatte man festgestellt: Um die internationale Wettbewerbsfähigkeit zu erhalten, muss die Arbeitsproduktivität gesteigert werden, denn Löhne senken geht nicht. Eine Option war: Das Band muss schneller laufen, die Landmaschinen sollen rascher fertig werden.

Wichtig ist bei diesem Beispiel, dass wir dem Landmaschinenhersteller bereits über viele Jahre geholfen haben, ein sehr positives Arbeitsklima zu schaffen. Wir hatten das Vertrauen der Belegschaft und der Unternehmensleitung.

Dann wurde im Konsens mit der Belegschaft eine überraschende Variante diskutiert: Wir lassen das Band einfach schneller laufen. Wir drehen die Geschwindigkeit hoch und sagen: So, wir probieren es mal schneller. Ergänzt wurde das durch Überlegungen und Änderungswünsche aus der Führungsetage plus

Ingenieursleistungen, wie beispielsweise neue Logistikkomponenten.

Nicht selten haben wir genau diesen Weg einer kleinen Lösung eingeschlagen: Lasst es uns doch einfach einmal in einer gemeinsamen Aktion mit der Belegschaft und natürlich unter aktiver Mitgestaltung des Betriebsrats ausprobieren.

Das Band schneller laufen lassen?

Aber wie würde das Ergebnis aussehen? Alle hatten Sorge, dass die Mitarbeiter murren würden: »Ach, die da oben haben mal wieder eine verrückte Idee, und wir dürfen es ausbaden ....« »Und wir sollen das ausprobieren? Das bekommen wir ja doch nicht zurückgedreht. Wir werden hier doch verheizt.« »Wollen die unser Werk schließen?« Die Folge wäre Unzufriedenheit und sinkende Motivation. Das Band liefe zwar schneller, aber das Klima im Betrieb wäre im Keller. Und das wäre eine Katastrophe. Denn wir hatten in vielen Veränderungsmaßnahmen das Vertrauen in der Fertigung wiedergewonnen und wussten, es darf uns alles Mögliche passieren, aber wenn wir das über Jahre gewachsene Vertrauen bei diesem Versuch zerstören, dann geht mehr verloren als nur das.

Was machen wir jetzt? Wie machen wir das? Und: Wie machen wir das, ohne die Mitarbeiter in der Endmontage zu verlieren? Und wie begeistern wir sie dafür, dass das Band schneller läuft? Wie kann das gehen?

Es gab kein Murren

Nach einiger Zeit hatten wir eine Idee. Eine Woche gaben wir uns, um den ganzen Versuch umzusetzen. Das klingt nicht nur sportlich, das war sportlich. Doch in dieser einen einzigen Woche passierte alles Wesentliche – und hinterher konnte das Band dauerhaft um 20 Prozent schneller laufen. Und das Beste: Alle waren zufrieden. Die Unternehmensleitung und die Arbeiterinnen und Arbeiter am Band. Es gab kein Murren. Und die Arbeitsbedingungen waren an vielen Stellen sogar deutlich besser als vorher.

Aus vielen kleinen Lösungen lernen

Es ging um die Endmontage. Eine große Fertigungshalle des Unternehmens. Dort waren knapp 100 Menschen in zwei Schichten beschäftigt. Es war also nicht wenig, was wir in dieser einen Woche schaffen wollten. Was wir vorhatten, war eine Operation im laufenden Betrieb, also am offenen Herzen.

Wir wollten nicht weniger als die Komplexität und Dynamik erhöhen, um einen gemeinsamen Lernprozess auszulösen. Aus dem »Chaos« lernen. Wir wollten keine »große Lösung«, wir wollten viele kleine Lösungen – von vielen Beteiligten.

Aber der Reihe nach: Wir stoppten in dieser Woche den Zweischichtbetrieb, zogen zwei Schichten zusammen und stellten immer zwei Arbeiter an eine Station. Sie sollten sich gegenseitig ergänzen, gegenseitig unterstützen, improvisieren und Ideen ausprobieren.

Und wir wollten es von Anfang an mit den Menschen am Band lösen. Wir ließen das Band um 50 Prozent schneller laufen. Eine Woche lang wurde deutlich schneller als bisher produziert. Mit viel Spaß und Improvisation, und alle wollten zeigen, was drin ist. Natürlich mit Fehlern. Es war ein Versuch, und es war vereinbart worden, dass nach der Woche alles ausgewertet und überprüft wird und dass sich die Arbeitsbedingungen auf keinen Fall für irgendjemand verschlechtern dürfen.

Beobachten, beobachten, beobachten!

Wir ließen es geschehen und machten, was wir immer machen: beobachten, beobachten, beobachten. Mit einem ganzen Schwung von Beratern aus unserem Netzwerk – Fertigungsplaner, Arbeitspsychologen, Informatiker, Maschinenbauer, Gewerkschafter. Wir folgten dabei unserer alten Erfahrung: Ein System ändert sich in der Regel schon durch das Beobachten. Und wenn jeder genau hinschaut und wir dann gemeinsam mit den Betroffenen »draufschauen«, dann findet sich die Lösung, bestehend aus vielen kleinen Lösungen, die Menschen mit ihrer Kreativität zusammenfügen zu einem Ganzen. Wenn die Motivation stimmt. Und das Vertrauen da ist, dass man es mit den Betroffenen gut meint. Sonst klappt es nicht.

Arbeitspsychologen, Logistiker, Betriebsräte – alle dabei

Natürlich war es turbulent und manchmal auch chaotisch. Man erhöht das Tempo nicht mal eben um 50 Prozent, und alles läuft glatt. Doch jeder bemühte sich. Die Arbeiter probierten, ihre normalen Handgriffe umzusetzen, es wurde viel improvisiert, manches ging daneben. An den jeweiligen Stationen halfen sich die Mitarbeiter irgendwie. Oft musste das Band auch angehalten werden.

Es lief nicht alles optimal, natürlich gab es Fehler, aber was viel wichtiger war: Es wurde deutlich, woran sie liegen können. Wir sprachen immer wieder mit den Arbeitern, fragten nach ihren Erfahrungen, liefen ständig am Band entlang, schauten, wie die Teams das Chaos zu meistern versuchten. Es wurde dabei viel geredet, die Arbeiter konnten, durften und sollten sagen, was sie behindert. Die einen sagten, dass eine Montagestellung störte, einen anderen behinderte ein Gestell, ein dritter bemängelte ein Detail in der Zulieferkette und so weiter. Das meiste davon waren keine gewaltigen Schwierigkeiten, keine unüberwindbaren Hindernisse. Bei den Beobachtungen waren auch die Arbeitspsychologen dabei, Logistiker und natürlich immer Betriebsräte. Ohne die geht es nicht, sie können solche Einschnitte in Arbeitsabläufe nicht umsetzen, ohne die Arbeitnehmervertretung aktiv als Treiber der Veränderung im Boot zu haben.

Durch die Erhöhung von Dynamik und Komplexität entsteht Raum für neue Lösungen.

Was den Arbeitern am Band auffiel, wurde notiert. Was sie anregten, wurde notiert. Was sie störte, wurde notiert. Und es funktionierte, wie wir es uns vorgestellt hatten.

Gerade durch die Übertreibung der Geschwindigkeit und durch die damit übertriebene Erhöhung von Komplexität und Dynamik und den damit verbundenen Zwang zur Improvisation trat vieles offener zutage, vor allem die kleinen Behinderungen, ohne die man schneller arbeiten könnte.

Das ist im Grunde wie im Theater: Charakterschwächen werden erst durch Übertreibung sichtbar. Und hier wurden die

Schwächen im System durch eine übertriebene Geschwindigkeit sichtbar.

Von den Beobachtungen zur Lösung

Aus unseren Beobachtungen wurde nach dieser Woche schließlich ein Konzept erstellt mit dem Inhalt, wo und was besser organisiert wird. Dem lag natürlich auch eine Ingenieursleistung zugrunde, auch eine Managementstrategie. Aber es war nicht das übliche Vorgehen. Das Management glaubte an seine Belegschaft, das war die Strategie. Und die Ingenieure machten nicht das perfekte Band, sondern schauten zu und dachten darauf aufbauend nach. Das Konzept enthielt in erster Linie die Anregungen und Erfahrungen der Arbeiter am Band. Und auf Basis dieses Konzepts konnte dann das Band schließlich im Regelbetrieb um 20 Prozent schneller laufen. Und die Mitarbeiter waren motiviert, schließlich hatten sie ihren Beitrag geleistet – für ihre eigene Arbeit. Sogar die Arbeitsbedingungen wurden dadurch an vielen Stellen verbessert.

Jeder im Unternehmen kann Teil der Lösung sein.

Wir hatten das bis dahin noch nirgends ausprobiert. Es war damals der erste Versuch, eine strukturelle Änderung auf diesem Weg herbeizuführen. Es gab keinerlei Erfahrungswerte, es gab keine Studien, nichts, auf das wir uns hätten berufen können – außer unserem Instinkt, dass das die richtige Lösung als Summe vieler kleiner Lösungen sein könnte.
Wir hatten das Glück, dass die Unternehmensleitung mitzog und uns vertraute. Das führte dazu, dass zum Zeitpunkt des

Versuchs zum Beispiel schon lange in den Fertigungshallen Flipcharts standen, auf denen aktuelle Ablauf- und Qualitätsprobleme sowie Verbesserungsvorschläge notiert wurden. Und jeder, der vorbeikam, konnte sehen, wo es gerade klemmte, und musste dazu nicht in Computertabellen und Grafiken nachschlagen. Damit hatten wir bereits ein Grundklima geschaffen, das sich am besten mit einem Satz zusammenfassen lässt: Jeder kann eine Anregung haben. Und die ist wichtig. Jeder im Unternehmen ist Teil der Lösung. Auch wenn es nicht gerade sein Problem ist. Es ist das alte Lied:

Die Menschen haben das Wissen. Gehen Sie zu den Menschen, sprechen Sie mit den Menschen, die sich tagtäglich mit einer Sache beschäftigen. Das sind oft die besten Experten. Unsere nichtakademischen Fachkräfte. Gerade sie sind ein wesentliches Alleinstellungsmerkmal der deutschen Industriekultur.

Unsere Facharbeiterkultur ist ein Schlüssel deutscher Innovationskraft.

Das geht weit zurück bis in die jahrhundertealte Tradition der Handwerkskunst und hat sich bis heute in unserer dualen Berufsbildung erhalten. Gerade diese Gruppe von Mitarbeitern ist für solche Innovationsprozesse unersetzlich. Es ist ein deutscher Weg. Der Weg über die Facharbeiterkultur. Und es ist eine einzigartige Innovationskraft.

Trotzdem ist eine Innovationsabteilung eine äußerst wichtige Abteilung in einem Unternehmen. Aber wenn sie die nichtakademischen Fachkräfte nicht wertschätzt und zu aktiven Mitgestaltern des Innovationsprozesses macht, dann ist sie ihr Geld nicht wert.

Das gilt nicht nur für Landmaschinenhersteller, das gilt überall in der Industrie – auch in Krankenhäusern und Verwaltungen. Und dass eine offene Kommunikation über Hierarchieebenen hinweg nicht nur erlaubt, sondern auch mit allen Mitteln gefördert und gefordert wird, ist ein erster, oft der wichtigste Schritt, um innovativ zu sein.

Wenn das Klima stimmt, können Mitarbeiter zeigen, was sie wirklich draufhaben.

Versuchen Sie ruhig, Komplexität und Dynamik in Ihrem Verantwortungsbereich zu erhöhen. Sie riskieren damit gar nichts, wenn das Klima stimmt. Und Mitarbeiter können zeigen, was sie wirklich draufhaben. Noch mal: Das geht nur, wenn das Klima stimmt. Wenn Sie auf eingeschüchterte oder eingeschnappte, auf lustlose oder desillusionierte Mitarbeiter treffen, dann hat das keinen Sinn und macht mehr kaputt, als es nützt.

10. VON MOLOTOWCOCKTAILS ZUR SELBSTBEWUSSTEN FABRIK

Wie in einem hitzigen Arbeitskampf Vertrauen wiedergewonnen wurde. Und wie wenige Worte fast alles zerstören können. Und wie man exzellente Liefertreue erreicht

Das ist die Geschichte eines Global Players und seines Standorts, nennen wir ihn Standort X. Das Produktionswerk, um das es geht, lag am Rande einer großen Stadt, irgendwo auf dem Globus. Keine besonders schöne Gegend, ein rauer Ort der klassischen Schwerindustrie. Für den Hersteller, nennen wir ihn Z, dennoch ein strategisch wichtiger Ort im internationalen Geschäft. Viele Jahre hatte der Konzern investiert, man baute wichtige Serienprodukte. Die Belegschaft war stolz, für den großen Konzern zu arbeiten.
Doch dann kam alles anders.

Dann flogen die Molotowcocktails

Alles begann mit dem Rückzug des Herstellers. Anfang des neuen Jahrtausends verlagerte der Konzern Z die Produktion auf zwei Heimatstandorte. Es war eine strategische Entscheidung. Am Standort X drohten nun die Lichter auszugehen. Ohnehin hatte Z lange nicht mehr investiert, das Werk hatte bereits sichtbare Baumängel, die Maschinen waren veraltet, die Produktion lief nicht mehr rund.

Nun stand die Schließung im Raum. Als die Information die Runde machte, also langsam klar wurde, was dem Standort blühte, geschah etwas, was keiner wollte: Es begann das Chaos – und zwar ein richtiges Chaos.

Die Arbeitnehmer probten den Aufstand. Die Wut kochte hoch. Sie beließen es nicht bei »Arbeitsniederlegungen« oder »Warnstreiks« oder dergleichen. All das ist harmlos im Vergleich zu dem, was hier geschah. Die Fabrik wurde sechs Monate lang von den eigenen Arbeitern besetzt. Keiner kam mehr aufs Werksgelände, sie hatten mehr oder weniger das Kommando übernommen.

Maschinenteile wurden geklaut, anderes wurde gleich zertrümmert, es flogen Molotowcocktails. Mal brannte es, mal ging eine Scheibe zu Bruch. Es war ein »Arbeitskampf«, der seinesgleichen suchte. Die einhellige Meinung in der Belegschaft war: Ist doch egal, das Werk wird ohnehin geschlossen.

Für viele hätte die Schließung des Standorts das Ende ihres Arbeitslebens bedeutet, es gab keine anderen Jobs in X, das Land war in der Rezession, eine Besserung nicht in Sicht. Deshalb galt für die Arbeiter: Sie hatten nichts zu verlieren. Und das demonstrierten sie gnadenlos mit allen Mitteln. Und mitten in diesem Chaos begann die Veränderung. Nach sechs Monaten

Werksbesetzung beschloss ein anderer Global Player, nennen wir ihn Y, den Standort zu übernehmen. Das war die Nachricht der Stunde.

Change-Prozess aus dem Lehrbuch

Y hatte zuvor eine Wachstumsstrategie bis 2015 ausgerufen und benötigte dringend Kapazitäten, man wollte größer werden. Am Standort X wollten sie daher einen Neustart wagen. An einem Standort, an dem es monatelang ordentlich gerumpelt hatte. Ein Abenteuer, ja. Aber auch eine große Herausforderung.
Es galt, Widerstände aufzubrechen und Vertrauen zu schaffen, und das bei einer Belegschaft, die großen Konzernen inzwischen alles andere als wohlgesinnt war, die bis vor kurzem noch die Fabrik anzünden, nichts und niemandem mehr trauen wollte. Doch Y schaffte die Wende. Schritt für Schritt.
Was folgt war ein Change-Prozess wie aus dem Lehrbuch.

Es dauert in der Regel fünf Jahre, bis Veränderungen wirklich greifen.

Veränderungen sollen ja immer sofort greifen. Das wollen alle, Führungskräfte wie Belegschaft. Ungeduldig sehnen sich Mitarbeiter und verbliebene Führungskräfte eines Unternehmens nach dem Neuen. Es herrscht die Vorstellung, kaum ist ein neuer Besen gefunden, müsste innerhalb kürzester Zeit alles besser, schöner, erfolgreicher werden. Mit sagenumwobenen »Change-Prozessen« ließe sich ein marodes Unternehmen innerhalb kürzester Zeit wieder flottmachen. Das ist ein großer Irrtum. Das funktioniert nicht.

Der Standort X ist ein gutes Beispiel dafür, dass es mindestens fünf Jahre dauert, bis Veränderungen greifen. Manchmal dauert es auch länger. Schneller geht es fast nie. Gemeinsam mit der Beratungsfirma Xenium haben wir bei der OSTO® Systemberatung für das Managen solcher komplexen Projekte einige Regeln aufgestellt. Diese beruhen auf der Begleitung und Beobachtung vieler Change-Prozesse, wie beispielsweise der Einführung des Lkw-Mautsystems in Deutschland oder der Einführung neuer IT-Systeme für die Hartz-IV-Reform des Arbeitslosengelds.

Die Erfahrungsregeln für das agile Managen von Projekten mit hoher Dynaxity lauten:

1. *Sich der Lage immer wieder bewusst werden, egal wie grausam sie ist: Das ist die notwendige Voraussetzung für den Erfolg.*
2. *Vision, Mission und Ziele gemeinsam erarbeiten.*
3. *Ein Netzwerk von Menschen aufbauen, die verschiedene Akteure, Sichtweisen und Interessen überbrücken.*
4. *Allen Ballast über Bord werfen.*
5. *Die notwendige Qualität liefern.*
6. *Strenges und konsequentes Projekt- und Prozessmanagement: Kernteams aufbauen, die wissen, wovon sie reden, und sich hundertprozentig auf den Erfolg konzentrieren.*
7. *Vertrauen und Zuversicht (immer wieder) aufbauen.*
8. *Arbeiten, arbeiten und noch mal arbeiten: Ohne Fleiß und ohne Teams von »Helden« gibt es keinen Erfolg in komplexen Prozessen!*
9. *Feiern nach Erfolgen ist ein absolutes Muss, damit man die Lust behält, sich immer wieder darauf einzulassen.*

Neun Punkte, ganz einfach. Aber nach diesen Regeln sollten Change-Management-Prozesse für Projekte mit hoher Komplexität und Dynamik ablaufen. Wer Veränderung will, muss die Stärke und vor allem die Geduld aufbringen, mit diesen Regeln zu leben. Die Reihenfolge kann variieren, aber die Grundlinie, die neun Punkte, beobachten wir immer wieder.

Der Standort X ist ein Paradebeispiel für diesen Prozess, dort erlebten alle Beteiligten im Grunde den klassischen Verlauf eines Change-Management-Prozesses. Für den Hersteller Y hieß der erste Schritt: »Wir müssen auf die Belegschaft zugehen.« Sie wollten sich mit der Belegschaft auf folgende Inhalte einigen: einerseits eine Beschäftigungsgarantie, andererseits die Verbesserung der Wettbewerbsfähigkeit.

Man stellte die Einführung von Arbeitszeitkonten in Aussicht sowie eine Mitarbeitererfolgsbeteiligung. Das war neu, damit hoffte man, die widerstandserprobten Arbeiter zu überzeugen. Arbeitszeitkonten schienen vor allem den vielen unterschiedlichen Glaubensrichtungen, die in der Belegschaft vorhanden waren, mehr Flexibilität bei der Ausübung ihrer Religion zu bieten.

Wenn ihr mitzieht, schreiben wir eine Erfolgsgeschichte

Das Entscheidende war jedoch: Y wollte exklusiv am Standort neue zukunftsweisende Produkte herstellen. Und die übertrugen sie auf das Werk. Motto: Wenn ihr mitzieht, werden wir hier eine Erfolgsgeschichte schreiben.

Nächster Schritt: Über diese Pläne ließ man die Belegschaft abstimmen. Man wollte ganz sichergehen. Sie sollten alle gefragt werden, keiner sollte außen vor gelassen werden. Alle sollten wissen, was auf den Standort zukommt, was der Konzern einerseits bietet – und was er auf der anderen Seite auch von seinen Mitarbeitern fordert.

Bei dem Referendum gab es ein klares Votum. Über 80 Prozent der Angestellten stimmten zu, bei den Arbeitern waren es deutlich über 50 Prozent. Das war zwar die Mehrheit, doch ein Großteil schien noch immer skeptisch. Das durfte man nicht aus den Augen verlieren, auch wenn die Richtung klar war: Y setzte auf Dialog statt Konfrontation, Sprechen statt Streiken, Reden statt Revoltieren. Gemeinsam etwas angehen statt gegeneinander kämpfen.

Trotz Streiks Vertrauen in die Belegschaft investieren

Eine intensive Phase mit unzähligen kleinen Schritten, die sich in mehr als 150 sich überschneidenden Veränderungsprojekten niederschlug. Irgendwann war es so weit, der Anlauf der neuen Produkte begann. Eigentlich musste jetzt der letzte Mitarbeiter überzeugt gewesen sein. Der Frieden hielt genau drei Tage. Dann gab es wieder Streik.

Es sprach der Vorstand – und das Chaos war wieder da

Auslöser waren einige Worte eines ehemaligen Vorstands, eines echten Insiders. Dieser sagte in einem Interview, mehr so nebenbei, dass es für den Standort X eigentlich keine Perspektive gebe. Er war ein wichtiger Manager. Was er sagte, hatte Gewicht. Was er sagte, schlug große Wellen. Das Schicksal schien besiegelt.

Die Folge am Standort X: Die Euphorie war dahin, die Stimmung auf dem Tiefpunkt. Drei Tage zuvor war man noch voller Hoffnung. Nun fühlten sich vor allem die Arbeiter wieder verraten, das Vertrauen in die neue Führung, das gerade erst mühsam aufgebaut wurde, schwand.
Es flogen zwar keine Molotowcocktails, aber Y musste auf der Vertrauensebene wieder von vorne beginnen. Denn nicht wenige Mitarbeiter sahen sich bestätigt: Die Konzernherren wirken freundlich und vertrauensvoll, aber in Wahrheit sind sie dabei, den Standort abzuwickeln.

Einige unbedachte Worte können den Aufbruch blockieren.

Das ist mir so häufig begegnet: Einige unbedachte Worte – und schon können Ideen zertrümmert werden, Unternehmungen scheitern, Visionen verpuffen, ehe sie greifen.

Wir brauchen Helden. Ohne Helden geht es nicht

Doch bei Y hielt man Kurs. Der Hersteller löste seine Versprechen ein.
Jedes einzelne. Sie redeten nicht nur schön. Sie handelten auch. Sie gaben einen klaren Kurs vor – und hielten sich daran. Die Veränderungsprojekte wurden nicht abgebrochen.
Und sie hatten eine »Helden«-Gruppe. Das klingt etwas pathetisch, aber ich nenne sie immer die Helden. Mit am schwierigsten bei einer Serienfertigung ist der Anlaufprozess, bevor die Serienproduktion richtig losgeht. Die braucht einen Change-Prozess, der hilft, diese turbulente Phase durchzustehen. Und

Leute, die die Veränderungen mittragen und gestalten. Am Standort X waren rund 30 Mitarbeiterinnen und Mitarbeiter. Und es gab eine Zentrale, die diesen Serienanlauf in die Hände des Werkes legte und nicht zentral betreute.

Das ist auch eine Regel: Erst das richtige Delegieren von Verantwortung schafft Vertrauen. Gerade wenn das Misstrauen gegen die Zentrale gerichtet ist.

Als das geklärt war, gab es nur noch eines: arbeiten, arbeiten, arbeiten. Und dann begann die Produktion des neuen Modells und damit eine großartige Zeit für den Standort.

Stolze Mitarbeiter machen den Unterschied

Und es begann noch vieles mehr. Das zum Teil marode Werk wurde saniert, alte Maschinen ausgetauscht, viele Gebäude wurden modernisiert.

Der Konzern Y investierte bis heute Hunderte Millionen für die Modernisierung des Standorts. Die Investitionen stärkten auch das Selbstbewusstsein.

Andere Firmen im betroffenen Land gaben auf, Y steckte Geld in das Werk.

Das registrierten die Mitarbeiter, das erfüllte sie auch mit Stolz. Sie waren dort, wo es voranging. So entsteht eine selbstbewusste Fabrik.

Feiern Sie Ihre Erfolge!

Und jetzt sind wir bei der Regel angelangt, wonach man seine Erfolge immer auch feiern sollte. Mach eine Party – auch das ist wichtig.

Das stärkt den Zusammenhalt, und dabei wird das Fundament für die nächsten Erfolge gelegt. Wer nicht feiert, wer sich nicht über Erreichtes freut, wird früher oder später wenig Sinn darin sehen, sich noch mehr zu engagieren. Wenn Erfolge selbstverständlich sind, wenn sie keine Beachtung finden, dann ist das nicht selten der erste Schritt des Niedergangs. Doch beim Hersteller Y wurde gefeiert.

Wer nicht feiert, wird wenig Sinn darin sehen, sich erneut für ein komplexes Projekt zu engagieren.

Als das erste Serienprodukt eine Stückzahl von 100 000 erreichte, kam der Regierungschef des Landes zu Besuch. Stolz präsentierten Führung und Belegschaft ihr Werk. Es war ein großer Moment. Größer, als die Konzernspitze geahnt hatte. Es mag ein wenig befremdlich klingen, aber der Besuch festigte endgültig den Zusammenhalt und die Leistungsbereitschaft am Standort. Es war die Feier des Erfolgs.

Mensch, Organisation, Technik – immer in dieser Reihenfolge

Was für ein Weg! Anfang des Jahrhunderts war der Standort X am Boden, ein Chaos. Dann wagte ein anderes Unternehmen den Wandel. Und durch das wiedergewonnene Vertrauen der Mitarbeiter und eine kluge Arbeitsorganisation konnte ein totgeglaubtes Produktionswerk wiederbelebt werden.

Dieser Weg, der beileibe kein leichter war, zeigt es ein weiteres Mal: Es muss der Führung immer erst gelingen, die Mitarbeiter zu überzeugen. Erst dann kann ich mich an die Organisation machen, und erst dann ist die Technologie an der Reihe. Mensch, Organisation, Technik – immer in dieser Reihenfolge. Ändert man die Reihenfolge, riskiert man alles.

Neue Technik allein löst nur selten die Probleme.

Anders ausgedrückt: Ich kann meinen Mitarbeitern einen neuen PC hinstellen, eine neue Teamstruktur bilden – darf dann aber nicht überrascht sein, wenn sie nicht leistungsbereiter werden. Zunächst sollte ich mich mit ihnen unterhalten, was ihnen fehlt, was sie glauben, dass man besser machen sollte – und dann kann mit diesem Wissen die Struktur verbessert, können neue Geräte oder Maschinen angeschafft werden. Neue Technik allein löst Probleme in den seltensten Fällen. Warum? Nun, das hat einen einfachen Grund: Weil es selten nur technische Probleme sind, die ein System belasten. Viele Probleme werden von Menschen verursacht – und sie können von Menschen gelöst werden. Es ist nun mal so: Das Wissen liegt bei den Menschen. Das ist die Grundregel.

Das kann man nicht oft genug sagen. Das gilt für jede einzelne Organisation, für jedes Unternehmen, für jedes komplexe System. Um an das Wissen zu gelangen, muss man das Vertrauen der Menschen gewinnen. Da kann die Technologie noch so modern und zukunftsweisend sein, wenn es nicht gelingt, die Mitarbeiter mitzunehmen, sollte ein Change-Prozess erst gar nicht gestartet werden. Die Regel lautet:

Beginne bei den Entwicklungspotenzialen des Menschen, stelle dann die organisatorischen Strukturfragen und suche anschließend nach der geeigneten Automatisierungstechnik. Dieser HOT Approach »First Human, second Organisation and third Technology« ist bis heute der entscheidende Ansatz für erfolgreiche Change-Prozesse.

HOT Approach: »First Human, second Organisation and third Technology«

Großsysteme haben ein erbarmungsloses Gedächtnis

Am Standort X scheint die Veränderung abgeschlossen zu sein. Der Standort ist vom Chaos wieder in geordnete Bahnen gelangt. Doch die Veränderung beginnt wieder von vorne. Bald müssen neue Produkte an den Start. Change macht keine Pause.

Großsysteme haben da ein erbarmungsloses Gedächtnis. Es reicht oft ein Funke (oder ein Interview), um alte Mechanismen und Widerstände zu aktivieren, um neues Chaos auszulösen. Weil ganz schnell überwunden geglaubtes Misstrauen wieder aufbrechen kann. Es mag nur einen Hauch in eine andere Richtung gehen, schon kann das Vertrauen erschüttert sein. Es reicht ein Funke.

11. »WIR HABEN DIE DATEN VON 500 FLUGHÄFEN«

Warum man manchmal die Dinge in einem anderen Licht betrachten sollte

Es war Anfang der 2000er Jahre. Wir hatten an der RWTH Aachen eine hochinteressante Anfrage.
Kurz zuvor war unser neuer Simulator an den Start gegangen. Mit diesem Simulator konnte man unter anderem den Straßenverkehr simulieren, zum Beispiel für Lkw-Konvois, von denen hier bereits die Rede war. In diesen Simulator konnte man verschiedene Simulationsgeräte »einschieben«. Grundsätzlich konnte man aber mit diesem Simulator auch Zugverkehr simulieren. Für die Flugsimulation hatten wir bis dato nur eine einfache Möglichkeit und waren auf der Suche nach Erweiterungen. Das hatte sich offenbar herumgesprochen.
Eines Tages lag auf meinem Tisch eine Anfrage, es ging um ein großes Forschungsprojekt: Zwei Wissenschaftler planten den Aufbau eines Zentrums für Flugsimulation. Sie wollten nun die Professorenschaft der RWTH Aachen mit ins Boot holen. Bei

insgesamt zehn Professoren hatten sie angefragt, und bereits fünf Kollegen hatten zugesagt und einen Letter of Intent unterschrieben.

Nun ist es so, dass sie als Hochschullehrer grundsätzlich jedem Forschungsengagement positiv gegenüberstehen. Es ist eine große Freude, wenn es neue Vorhaben gibt. Wenn sogar aus dem Kreis der Studierenden und jungen Wissenschaftler eine Initiative erwächst, dann registriert man das mit großem Wohlwollen und will gerne helfen und unterstützen. So gibt es zum Beispiel an der RWTH auch eine Gruppe von Studierenden, die Rennautos baut. Und eine andere Gruppe von Studierenden und jungen Wissenschaftlern, die im europäischen Roboter-Wettbewerb für kooperierende Roboter auf Platz eins gelandet ist. Das freut mich besonders, weil letztere aus meinem ehemaligen Institut kommen.

Wer ist der Jemand dahinter?

Die Anfrage für das Zentrum für Flugsimulation lag also auf meinem Tisch.

Ich war überrascht zu sehen, dass sich bereits fünf Kollegen gefunden hatten, und es gab auch Hinweise auf eine Internationalität des Projekts. Nur eine Sache war mir nicht klar: Wer genau steckte dahinter?

Ich lud die beiden jungen Männer, die die Anfrage gestellt hatten, zum Gespräch ein. Sie kamen, waren sehr freundlich und erläuterten ihre Idee. Es klang vielversprechend, sie sagten, sie hätten Daten von »500 Flughäfen weltweit«. Was sie nicht sagten: Wer ist der Jemand, der dahintersteht? Ihre Antworten blieben an diesem Punkt unklar. Auch einen Businessplan hat-

ten sie nicht. Aber das kommt bei jugendlichem Idealismus ja häufiger vor. Trotzdem: Ich wusste nicht, woran ich war.
Im Anschluss fragte ich die Kollegen, die bereits unterschrieben hatten: »Wisst ihr, wer da dahintersteckt?« Einige sagten mir: »Klaus, wir haben unterschrieben, weil wir dachten, du steckst dahinter.« Sie hatten mich als »Paten« vermutet, hatten es für eine von mir unterstützte Initiative gehalten und deshalb ihre Zustimmung signalisiert, ohne weiter nachzuhaken. Einerseits freute mich dieses Vertrauen, auf der anderen Seite erschien das Vorhaben immer mysteriöser. Der Aufbau eines Zentrums für Flugsimulation ist eine hochkomplexe Sache – und ich hatte die innere Dynamik immer noch nicht verstanden. Wer steckte dahinter?

Bei aller Begeisterung die Suche nach dem relevanten Detail nicht vergessen

Die RWTH Aachen ist eine Riesenuniversität mit vielen angeschlossenen Großforschungsinstituten, rund 15 000 Menschen sind auf dem Campus beschäftigt. Man kann gar nicht jeden kennen, man kann gar nicht den Überblick haben. Also begab ich mich auf die Suche nach der »Spinne im Netz«.
Wer hielt die Fäden bei dem Projekt zusammen? Wer war der echte »Pate« bei der Sache mit den Flugsimulatoren?
Das war wieder die Suche nach dem Detail, die man auch bei großer Begeisterung über ein Projekt nicht außer Acht lassen sollte. Auf der anderen Seite war es aber vor allem der Versuch, die Sache zu beleuchten. »Helft mir, es zu verstehen« – das war sozusagen mein Ansatz. »Helft mir, es zu verstehen – ich verstehe das System nämlich nicht.« Die Fragen lagen für mich auf der

Hand: Welche Dynamik steckt dahinter? Was hängt mit wem zusammen? Welche Wechselwirkung gibt es bei den einzelnen Details? Sprich: Wer hat ein Interesse, dass dieses Projekt in Aachen aufgebaut wird?

Wer war die Spinne im Netz?

Wenn Sie aus einer bestimmten Perspektive ein Spinnennetz, das zwischen zwei Bäumen oder im Astwerk eines Busches gespannt ist, noch nicht erkennen können, müssen Sie vielleicht nur einen Schritt zur Seite gehen, um aus einem anderen Winkel zu sehen, wie die Sonnenstrahlen einfallen, und zu erkennen: Da ist ein Netz. Und die Spinne, die es gebaut hat. Und genau das wollte ich sehen: Was ist da? Und wer ist da? Oder anders ausgedrückt: Worin bestand die Typologie des Netzes?

Machen wir es kurz: Ich erfuhr nie genau, wer da war, wer »die Spinne« war.

Es war die Zeit nach dem 11. September 2001. Man wusste, dass sich die Attentäter vor den Anschlägen mit den Details des Fliegens beschäftigt hatten, man wusste, dass sie auch auf deutschen Hochschulen studiert hatten, und man wusste, dass sie aus alltäglichen Maschinen wie Flugzeugen mörderische Waffen gemacht hatten – und doch wollte man auch nach dem 11. September keinen Menschen per se verdächtigen.

Die Sache war an sich vollkommen klar: Es musste jemanden geben, der ein Interesse an Flugsimulatoren hat. Dieser Jemand gab sich aber nicht zu erkennen, in welche Richtung ich auch recherchierte. Es gab nur die beiden freundlichen Männer. Und die mauerten, gaben keine weiteren Auskünfte, waren aber

Mitglieder unserer Hochschule. Diese Komplexität, so viel stand für mich fest, konnte ich nicht mehr meistern, das musste ich an mir vorüberziehen lassen. Wir meldeten den Vorgang bei den Sicherheitsbehörden. Die Terrorspezialisten aus Wiesbaden machten sich auf die Suche nach der Spinne im Netz.

Und auch wenn ich bis heute nicht weiß, von wem genau die Initiative ausging, signalisierte man uns immerhin mehr oder weniger unter der Hand: Ja, da war etwas. Es gab wohl Hintermänner. Und es gab wohl böse Absichten.

Die Sache immer auch aus einem zweiten Blickwinkel betrachten

Allein hätten wir diese komplexe Situation nicht meistern können. Daher ist mein Ratschlag in diesem Fall nicht: Mach dich auf die Suche nach dem entscheidenden Detail, um die Komplexität zu meistern. Der Ratschlag ist vielmehr: Betrachte die Sache immer auch in einem anderen Licht!

Dann offenbart sich dir unter Umständen ein Ausweg, der darin besteht: Lass es an dir vorüberziehen, lass andere sich damit beschäftigen, die sich besser damit auskennen, in diesem Fall die Sicherheitsdienste. Ich habe nie wieder von den beiden Männern gehört. Die Sache blieb für immer im Nebel.

12. AB MORGEN GIBT ES NUR NOCH BACHELOR UND MASTER

Wer sich in Verbänden für neue Ideen engagiert, weiß, dass die kleine Lösung oft ein Kompromiss ist

»Deutsche Studentinnen und Studenten sind zu alt.« So tönte es jahrelang in der Öffentlichkeit. Wenn sie ihren Abschluss an den Hochschulen machten, waren sie schon 27, 28 Jahre alt oder noch älter. Erst im »hohen Alter« begannen sie dann ihr Berufsleben. Im Vergleich zu Studierenden anderer Länder war das alt. Jene waren früher fertig, fingen früher an zu arbeiten. Außerdem wurden deutsche Abschlüsse nicht überall anerkannt. Vor allem die Abschlüsse der Fachhochschulen, sogar der Diplom-Ingenieur der Fachhochschulen. Wer im Ausland weiterstudieren oder arbeiten wollte, hatte Probleme bei der Anerkennung seiner Studienergebnisse – und umgekehrt hatte derjenige der aus dem Ausland nach Deutschland kommen wollte, ebenfalls Probleme. Diese Abschottung konnte und wollte man nicht mehr hinnehmen. Außerdem verließen zu viele Studierende, gerade auch in den komplexen technischen Studiengängen, die Universität nach fünf oder sechs Jahren ohne Abschluss. Ich fand und finde es unverantwortlich, wenn junge Menschen erst nach offiziell fünf, faktisch aber meist erst nach sechs bis acht Jahren Studium einen ersten Berufsabschluss erreichen. Auch »produzierten« wir in unserem Land am Bedarf vorbei – und erhöhten die Zahl arbeitsloser Akademiker, weil wir keine realistischen Chancen eröffneten, während des Studiums die Studienrichtung zu wechseln, ohne dabei oft von vorne anfangen zu müssen. Ich weiß, wovon ich rede, und habe das als Prüfer in einem sogenannten »Massenfach« oft genug erlebt.

Selbständige Hochschulen, wie soll das denn gehen?

Alles in allem Grund genug, über eine Reform des Hochschulwesens nachzudenken, damals in den letzten Jahren des vergangenen Jahrtausends. Man wollte etwas Neues. Und wenn ich von »man« schreibe, dann heißt das, dass es so viele gar nicht waren. Es waren einige Mitstreiter aus dem Hochschulwesen, ein paar Politiker und etliche Vertreter von Wirtschaftsverbänden. Ich weiß, wie man damals stritt, wie man damals um Lösungen rang. Ich engagierte mich im Verein Deutscher Ingenieure (VDI). Der Verein ist die wichtigste Interessenvertretung der Ingenieure und Ingenieurinnen in Deutschland. Sechs Jahre lang saß ich im Präsidium des Vereins. Mein Aufgabengebiet im Vorstand war die gesamte Berufspolitik. Von der Frage der Technikbewertung bis zu allen Fragen der Aus- und Weiterbildung, zum Verhältnis von Technik und Schule, zu Ethik in der Technik. Und nicht zuletzt die Verantwortung für die Studierenden und Jungingenieure, die Frauen im Ingenieurberuf und die

Vertretung des VDI in Berlin und Brüssel. Sicher habe ich jetzt etwas vergessen. Es war ganz schön viel. Und eben fast immer an der Schnittstelle zur Politik.

Bei der Bildung helfen nur viele kleine Lösungen – wegen der dicken Mauern.

Ich war überzeugt davon, dass wir die Studiengänge und deren Abschlüsse gerade auch in den technischen Studiengängen reformieren mussten, auch im Hinblick auf die internationale Ausrichtung. Und im Hinblick auf die Zwischenabschlüsse, die den jungen Menschen ermöglichen, früher ins Berufsleben einzutreten.
Aber auch bei der Reform der Hochschulen half letztendlich nur: viele kleine Lösungen. Denn mit dem Big Bang rennt man in der Bildung noch mehr als in anderen Bereichen gegen dicke Mauern.

Eigenverantwortung der Hochschulen erreichen

Unser Ziel war eine Neuordnung des Hochschulwesens im Hinblick auf den internationalen Wettbewerb und in diesem Zusammenhang auch die Schaffung neuer Hochschulabschlüsse, also die Schaffung der Abschlüsse Bachelor und Master in Deutschland. Oder etwas pathetischer ausgedrückt: Wir wollten die Tür zu einer neuen Zeit aufschlagen und selbständige Hochschulen schaffen. Raus aus der planwirtschaftlichen Aufsicht der Ministerien, dafür Finanzautonomie und Eigenverantwortung der Hochschulen. Auch mit einem neuen Tarifvertrag, sogar für die Professoren.

Und als Verein Deutscher Ingenieure wollten wir natürlich das Fach Technik als Pflichtfach an allen Schulen, vor allem an den Gymnasien. Und wir wollten jüngere Absolventen. Nicht nur durch kürzere Studienzeiten, sondern auch durch eine verkürzte Schulzeit – acht anstelle von neun Jahren – an den weiterführenden Schulen. Ein Megaprogramm.

Raus aus der planwirtschaftlichen Aufsicht der Ministerien

Wer davon überzeugt war, war Edelgard Bulmahn (SPD). Sie war im Kabinett von Bundeskanzler Gerhard Schröder Bundesbildungsministerin, und es war erklärter politischer Wille, neue Hochschulstrukturen und neue Abschlüsse zu schaffen – und das in einem Sektor, der nicht gerade für seine Veränderungsbereitschaft bekannt war: die deutsche Hochschullandschaft. Die Ausgangslage war: Ausländische Studenten mieden Deutschland wegen der mangelnden Kompatibilität der Studiensysteme. Umgekehrt mieden deutsche Studenten Auslandssemester, weil sie die berechtigte Sorge haben mussten, ihre Auslandsaufenthalte nicht anerkannt zu bekommen. Deshalb wollten wir international kompatible Bachelor- und Master-Studiengänge schaffen, die nicht nur Studienzeiten verkürzen, sondern durch die Einführung eines berufsqualifizierenden Parts, also durch eine große Praxisrelevanz, auch die Zahl der Studienabbrecher verringern würden. Zudem sollte die deutsche Hochschulausbildung auch wieder attraktiver für ausländische Bewerber werden – und damit würde man den Beitrag zum Bologna-Prozess leisten, also die Harmonisierung des Hochschulwesens in Europa vorantreiben.

Studium in zwei Stufen – um der Menschen willen

Meine Vorstellung war und ist: Wer auf eine Universität geht, soll auf einen Beruf vorbereitet werden. Er soll nicht zwangsläufig ein Wissenschaftler werden. In den meisten Studienrichtungen – auch an Universitäten – betrifft das nämlich nur eine kleine Minderheit. Die meisten, das heißt 80 bis 90 Prozent, landen langfristig nicht in der Wissenschaft, sondern in Wirtschaft, Verwaltung, Behörden und Beratungsbüros beziehungsweise -unternehmen.

In der Universität sollen Menschen auf einen Beruf vorbereitet werden – nur wenige werden Wissenschaftler.

Studierende sollten also das Rüstzeug für eine berufliche Karriere bekommen. Nicht mehr, nicht weniger. Und das möglichst von engagierten Professorinnen und Professoren, die die Qualität ihrer Lehre regelmäßig auf den Prüfstand stellen – und einem Leistungsprinzip unterworfen sein sollten. Auch in der Lehre. Davon profitieren alle. Wenn diese Form der akademischen Ausbildung an einer möglichst autonomen Hochschule stattfinden kann und die Ministerialbürokratie sich mehr und mehr aus Hochschulaufgaben zurückzieht, ist Deutschland auf dem Bildungssektor gewappnet für die Herausforderungen der Internationalisierung.

Und ein erster Schritt war es, auch in Deutschland zweistufige Studiengänge zu schaffen. Zum einen, dass man in einer vernünftigen und überschaubaren Zeit, also nach drei Jahren bereits, einen ersten Abschluss hat, den Bachelor. Und dass man nach fünf Jahren optional den nächsten ablegen kann, den Master-

Abschluss. Wer will, kann auch direkt nach dem Bachelor anfangen zu arbeiten und Berufserfahrung sammeln und später vielleicht noch seinen Master machen. Es gibt aber auch die Möglichkeit, direkt weiterzustudieren. Ein Großteil der Unternehmen wollte genau das, man wollte motivierte Abgänger, Studierende, die ein praxisorientiertes Studium abgeleistet hatten und wussten, was auf sie zukam. Nicht zuletzt sind der Bachelor und der Master international weit verbreitete Abschlüsse, die die Mobilität der Studierenden und dann auch der Abgänger erhöhen. Das klingt alles einleuchtend – doch es gab große Vorbehalte.

Nach drei bis vier Jahren auf jeden Fall einen ersten Berufsabschluss erzielen

Wo bleibt der Dipl.-Ing.?

Man hegte großen Zweifel, vor allem auch in den technischen Studiengängen. Was sollte aus dem »Dipl.-Ing.« werden, diesem deutschen Markenzeichen? Der »Dipl.-Ing.« ist Ausdruck für den Stolz und das weltweite Ansehen der deutschen Ingenieure. Doch trotz aller Meriten, er wird eben nicht überall anerkannt. Universitätsabsolventen hatten in der Regel damit kein Problem. Aber der Diplom-Ingenieur der Fachhochschulen reichte in vielen Ländern nur zur Anerkennung als Techniker. Studierende mit diesem Titel wurden beschränkt, sie konnten damit nicht überall hin. Wir wollten den Dipl.-Ing. als Marke erhalten und ausbauen, aber nicht als formalen Abschlussgrad. Es war ein zähes Ringen.

Aber es war eben auch eine strategische Frage. Grundsätzlich wollten wir das Marktprinzip in der Bildung einführen, es sollte zu einer Liberalisierung führen. Und natürlich schwebte uns eine Entmachtung der Ministerien vor. Es konnte nicht angehen, dass sich eine Hochschule jede Entscheidung, jedes neue Seminar, jede neue Vorlesung von der Ministerialbürokratie absegnen lassen musste. Solche Vorgaben sind nicht nur ineffizient, sie behindern nicht zuletzt auch Innovationen im Bildungssektor. Daher war ich ein überzeugter Anhänger eines neuen Hochschulwesens – und musste mich auch innerhalb des VDI vielen Gegnern stellen.

Doch dabei halfen zwei Dinge. Erstens: Lerne, für das Ganze zu denken, verliere das eigentliche Ziel nicht aus den Augen. Und zweitens: Suche die kleinen Lösungen.

Gremienarbeit ist meistens das Suchen nach der kleinen Lösung. Die kleine Lösung nennt sich dann Kompromiss. Um etwas zu erreichen, muss man auf etwas anderes verzichten. Das ist Teil der Lösung. Mir ging es um die Wettbewerbsfähigkeit der deutschen Hochschulen. Mir ging es um die Autonomie der Hochschulen. Mir ging es um die neuen Abschlüsse Bachelor und Master.

Entscheidungen in Gremien in großen Vereinen und Verbänden dauern – und das aus einem Grund: Man bewegt sich auf dem Feld der Interessenvertretung, das heißt, es gilt, viele Interessen zu berücksichtigen. Jeder will gegenüber der Politik für seine Berufsgruppe das Beste herausholen, und dafür muss er zunächst seine eigenen »Truppen« hinter sich bringen. Viele Nebenkriegsschauplätze also.

Man kann nicht alles erreichen wollen, ohne das Ganze zu gefährden

Ich hatte einen zweiten Herzenswunsch: Ich wollte, dass in deutschen Schulen das Fach »Technik« eingeführt wird. Wir sind das Land der Tüftler, das Land des Maschinenbaus, das Land der Technik – doch in deutschen Schulen spielt Technik eine untergeordnete Rolle. Es gibt Mathematik, dort werden theoretische Grundlagen gelegt, es gibt Physik, da geht es um die analytische Kompetenz. Aber wo, nur als Beispiel, zerlegen Schüler ein Handy, um zu sehen, aus was für Teilen es zusammengesetzt ist? Wo beschäftigen sich Schüler schwerpunktmäßig mit Technik? Deshalb wollte ich das Schulfach »Technik«. Doch – und jetzt kommen wir zur kleinen Lösung – auf diese Forderung musste ich politisch in der Auseinandersetzung mit 16 Kultus- und Bildungsministerien verzichten.

Auf Forderungen verzichten – dem Ganzen zuliebe

Sonst hätte ich die Reform der Studienabschlüsse gleich abschreiben können. Man war gewillt, bei den Abschlüssen mitzugehen und die Kontrollmacht abzugeben, aber nicht bei Technik in der Schule. Das nennt sich Kompromiss. Ich nenne es kleine Lösung. Weil man eben nicht alles bekommt, sondern dann bescheidener werden muss. Und dass alle Ministerien in allen Bundesländern die Kontrollmacht über die Inhalte von Studiengängen an Universitäten und Fachhochschulen tatsächlich abgeben, das habe ich während der ganzen Zeit immer gehofft, aber nicht wirklich geglaubt. Erst, als es eingetreten ist. Dass dann viele Hochschulen ihrer Verantwortung zur Selbstgestaltung dieser Studiengänge nicht gerecht geworden sind, steht auf einem anderen Blatt. Das ist ein Preis der Liberalisierung und Eigenverantwortlichkeit. Der »Kunde« Student muss eben jetzt genauer hinsehen!

Sich im Schatten der großen Veränderung zu bewegen hat etwas …

Die zweite kleine Lösung: Um die Hochschullandschaft zu reformieren, sollten auch die Tarifverträge der Professoren angepasst werden. Sie sollten von nun an ein variables Gehalt bekommen. Es sollte ein Grundgehalt geben, das aber unter dem bisherigen Gehalt lag. Allerding sollte damit die Möglichkeit verbunden sein, durch entsprechenden und nachweisbaren Einsatz zusätzlich Gehalt zu beziehen. Und zwar in vielen Fällen deutlich mehr als im alten Tarifvertrag. Frau Bulmahn wollte in diesem Zusammenhang gleich das neue Tarifsystem für die Forschung einführen. Lange habe ich mit ihr gerungen. *»Lassen Sie das. Konzentrieren Sie sich auf die Einführung des Bachelor-/Master-Systems, und im Schatten davon haben wir eine Chance, das neue Tarifsystem für Professoren durchzubekommen.«*
Mit dem neuen Tarifvertrag sollte die Leistungsorientierung bei Professoren gefördert werden. Ein wichtiger Aspekt, um die Wettbewerbsfähigkeit von Hochschulen zu erhöhen. Doch die Professoren und deren Interessenvertretung waren gegen die neue Besoldung. Eine Diskussion über den gesamten Tarifvertrag für Forschung hätte alles gefährdet: die Einführung des Bachelor-Master-Systems *und* den neuen Professorentarif. Frau Bulmahn verstand. Das Ganze stand auf dem Spiel, an dieser Frage hätte es scheitern können. Also beließ man es bei den

neuen Studiengängen. Das neue Tarifsystem wurde verschoben! Dafür neue Abschlüsse. Das signalisierte Ministerin Bulmahn den Hochschulen – und so konnte 2002 der Bachelor und der Master eingeführt werden.

Variable Gehälter für Professoren

Und im Schatten der Diskussionen um dieses Thema lief die neue Professoren-Besoldung als »kleine Lösung« ziemlich unauffällig durch die Gesetzesmaschine. Der »Aufstand« der Hochschulverbände kam erst, als die Änderung nicht mehr aufzuhalten war. Immerhin sind alle Professoren in Deutschland seither einer wesentlich stärkeren Leistungskontrolle unterworfen, allerdings unter der Voraussetzung, dass die Hochschulen ihren Gestaltungsspielraum auch nutzen. Wie in jedem Unternehmen eben.

Die Veränderung holt mich ein – es geht doch!
Große Veränderungen dauern lange und erfordern viele kleine Lösungen. Im Falle des Bachelor-Master-Systems holten mich die politischen Beschlüsse einige Jahre später wieder ein, als ich Dekan der Fakultät für Maschinenwesen war und die Bachelor-Master-Studiensysteme eingeführt werden mussten. Was mich überraschte: Die Mehrzahl der Kollegen hatte überhaupt nicht mitbekommen, was sich politisch im Detail ereignet hatte. Viele waren gegen den Prozess, ohne überhaupt Einzelheiten zu kennen. Sie sahen nur Nachteile. Und manche sind in dieser Haltung bis heute verharrt. Der Change-Prozess ging wieder von vorne los. Der nächste Schritt auf einem langen Weg.

Heute, über zehn Jahre später, kann ich nur sagen: Es geht doch! Als ob man im Bildungssystem nichts verändern könnte. Und das auch noch nachhaltig. Ich für meinen Teil habe in den letzten zehn Jahren meiner Zugehörigkeit zu einer Universität mehr positive Veränderungen erlebt als in den 20 Jahren davor. Ein »Big Bang« dauert schon mal eine Generation – wenn man nicht alles auf einmal will und sich auf viele kleine Lösungen einlässt.
Das eröffnet Perspektiven für die Energiewende, die eben auch nicht von heute auf morgen gehen kann. Aber es geht. Das macht auch Hoffnung für unsere Schulen. Was bei Hochschulen geklappt hat, sollte auch bei Schulen möglich sein. Wer packt es an? Mit vielen kleinen Lösungen.

13. AUF EINEN KAFFEE MIT DER WITWE

Warum 1000 Schritte besser sind als ein Big Bang – und warum einem nicht immer alles gelingt

Nennen wir ihn Peter Schulz. Dieser Peter Schulz saß in einem Flugzeug. Er hatte seinen Platz, einen guten Platz, am Fenster. Schön für Peter Schulz: Er hatte in diesem Flugzeug nicht nur einen Platz. Nein, insgesamt 50 Plätze waren auf seinen Namen gebucht, 50-mal Peter Schulz. Man könnte fast sagen, die halbe Passagierliste bestand aus Peter Schulzens. Doch nur der eine Peter Schulz war an Bord. Die anderen 49 Plätze blieben leer.

50 Plätze für ein und dieselbe Person

Nicht dass ein falscher Eindruck entsteht: Peter Schulz war kein Scheich oder ein Emir, der für seine Gefolgschaft zahlreiche Plätze gebucht hatte. Er war auch kein größenwahnsinniger Reisender, der keinen Neben-, Vorder- oder Hintermann auf seinem Flug dulden wollte. Peter Schulz war, wenn Sie so wollen, ein völlig normaler Passagier.

Die Sache war die: Peter Schulz hatte in einem Reisebüro eine Flugreise gebucht. Der Reiseveranstalter hatte der Fluggesellschaft 50 Plätze in dieser Maschine abgekauft. Doch außer Peter Schulz hatte keiner gebucht. Die anderen waren zwar an den Reiseveranstalter verkauft, nicht aber an reale Menschen, die fliegen wollten. Durch welche Vorgänge auch immer ausgelöst, waren alle Plätze mit dem Namen Peter Schulz versehen. Unser Peter hatte nur einen bezahlt, die restlichen Plätze liefen zwar auf seinen Namen, blieben aber leer – und konnten von der Fluggesellschaft auch nicht verkauft werden. Das war ja, wie gesagt, bereits geschehen. Die Maschine flog also halb leer.
Der Vorstand einer deutschen Fluggesellschaft saß einmal in so einem Flugzeug. Alles leer, nur hinten irgendwo ein »Peter Schulz«. Der Vorstand dachte: Was für ein Irrsinn! Ein ökonomischer Irrsinn, ein ökologischer Irrsinn. Also war klar: Es musste ein neues System her. Wir starten hier doch nicht nur für Peter Schulz.

Der Big Bang bringt es meistens nicht

Wir waren als Organisations- und IT-Berater in dieser Fluggesellschaft gefordert. Das ist schon ein paar Jahre her, und viele Probleme von damals sind heute gelöst. Aber das Erneuern von IT-Systemen ist bis heute eine große Herausforderung. IT-Firmen bieten oft das »neue System«, das das alte auf einen Schlag ablöst. ITler nennen das dann den Big Bang. Mit dem neuen System soll alles besser, reibungsloser, schneller ablaufen – was fast nie klappt. Im Gegenteil: Häufig funktionieren unmittelbar nach der Einführung eines neuen Systems selbst elementare Prozesse nicht mehr.

Das »neue System« ist dann ein Ärgernis. Die Mitarbeiter sind sauer. Sie hatten sich gerade an das alte System gewöhnt. Nun schon wieder ein neues – und es funktioniert nicht einmal. Wer in einem Betrieb arbeitet, kennt das. Wenn das System spinnt, kommt der IT-Verantwortliche der Firma, schaut sich den Computer an und sagt: »Ja, es hakt noch, aber bald kommt ein Update, dann läuft er reibungslos.« Das Update kommt nie, aber bald kommt wieder ein neues System, wieder müssen sich alle umstellen, wieder funktioniert etwas nicht. Warum ist das so?

Man kann ein komplexes IT-System, das rund um die Uhr laufen muss, nicht einfach abstellen.

Nun, die meisten Fehler entstehen, wenn man ein komplettes IT-System abstellt und durch ein neues ersetzen will. Das ging damals nicht, das geht heute nicht. Und es wird vermutlich nie gehen. Denn dieses Vorgehen ist immer hochriskant – weil jedes System eine enorme Komplexität aufweist und immer das Chaos droht.

Die Integration eines neuen IT-Systems muss man sich wie die Baustellen an einem viel befahrenen Autobahnkreuz vorstellen. Sie können beispielsweise das Kamener Kreuz in Nordrhein-Westfalen für eine Fahrbahnerneuerung oder -erweiterung nicht kurzerhand komplett sperren. Das komplette Chaos würde entstehen, sie hätten den Verkehrsinfarkt, die Situation wäre noch verheerender, als sie es ohnehin an solchen Verkehrs-Hotspots ist. Deshalb werden die Autos in der Regel an der Baustelle vorbeigeleitet, auf zwei Spuren, manchmal nur auf einer Spur.

So können bei laufendem Betrieb Straßen ausgebessert oder Fahrbahnen verbreitert werden. Man kann den Verkehr nicht komplett lahmlegen, sondern operiert »am offenen Herzen«. Das sind sehr sensible Vorgänge, die ein Wesensmerkmal eint: Sie gehen langsam. Der Verkehr fließt langsamer. Er fließt zwar, aber eben langsamer. Genauso gelingt die Implementierung von neuen IT-Systemen.

Der große IT-Wechsel auf einen Schlag ist extrem riskant und meist zu teuer.

Einem IT-Verantwortlichen erzähle ich vermutlich nichts Neues, aber in vielen Unternehmen herrscht immer noch die Meinung vor: »Wir brauchen die große Lösung.« Der große Systemwechsel muss her – und dann sind alle unsere Probleme auf einen Schlag gelöst. Und oft wird dafür auch noch sehr viel Geld bereitgestellt. Doch dieser »große« Wechsel ist extrem riskant und meistens auch extrem teuer. Die Migration von bestehenden Daten und die Installierung eines neuen IT-Systems kann nicht mit einem »Big Bang« stattfinden – nein, es sind tausend kleine Schritte, die einem zum Erfolg führen. Das ist wie beim Bergsteigen. Keiner rast den Berg hinauf, mag er sich auch noch so fit, noch so gut ausgerüstet fühlen. Zumindest sollte es keiner tun. Bedächtig, Schritt für Schritt erklimmt man den Gipfel. Und nur so lässt sich ein komplexes System wie beispielsweise ein Buchungssystem in der Touristik optimieren.
Womit wir wieder bei dem Problem mit Herrn Schulz sind.

Was kann an einer Reisebuchung so schwierig sein?

Eine Reisebuchung – das mag banal klingen. Das kann doch nicht so schwierig sein. Aber betrachten wir es einmal so: Was hängt alles an einer Reisebuchung? Wie viele Daten müssen abrufbereit sein? Wie viele Daten müssen aktualisiert sein? Wie integriert man Daten aus der ganzen Welt in sein System?

Schon wenn wir einen Flug buchen, stürzen wir uns, wenn man das so sagen kann, in eine Vielzahl an Datenpaketen: Es gibt verschiedene Flugpreise an verschiedenen Flugtagen, verschiedene Vergünstigungen, verschiedene Plätze. Natürlich gibt es verschiedene Airlines für das gleiche Ziel, manche bieten das Reiseziel mit einmaligem Umsteigen an einem sogenannten Drehkreuz. Außerdem sind verschiedene Reiseveranstalter auf dem Markt, die denselben Flug mit verschiedenen Konditionen anbieten. Und man kann natürlich auch direkt bei der Airline – ohne einen Reiseveranstalter – buchen.

Mit dem Buchen eines Hotels geht es weiter: verschiedene Zimmer, verschiedene Tarife, verschiedene Sonderkonditionen. Familien bekommen andere Tarife als Singles. Sondertarife werden in den Nebensaisonzeiten angeboten, in der Hochsaison wird es teurer, aber nicht in jeder Region. Die Veranstalter werben mit Frühbucherrabatten, Last-Minute-Angeboten. Und alle im Zweifel im gleichen Hotel. Und wieder buchen unterschiedliche Reisegesellschaften das gleiche Hotel. Oder Privatpersonen direkt beim Hotel.

Dann noch einen Mietwagen, und auch bei der Verleihfirma dasselbe Spiel – Hunderte von Möglichkeiten. Und unzählige Buchungswege. Von den Ausstattungs- und Zubehörvarianten des Mietwagens ganz zu schweigen. Winterreifen? Wie viele Kindersitze? Ein Navi? Und was ist mit der Versicherung? Auch die könnte zusätzlich abgeschlossen werden.

Hinzu kommt bei einer Reisebuchung, dass sich Tarife häufig ändern, dass die Belegung von Zimmern variiert, dass nichts so sein muss, wie es am Tag vorher noch gewesen ist. Wenn wir jetzt noch vorab eine Besichtigungstour, das Elefantenreiten oder den Museumsbesuch buchen wollen, müssen weitere Daten in unseren Vorgang integriert werden. Ach, und da ist ja auch noch eine Fahrradbuchung vor Ort zu bedenken. Es nimmt kein Ende.

Kurz: An einer einzigen Reisebuchung hängen Datenberge, eine überwältigende Vielfalt an Möglichkeiten, die dazu auch noch Tag und Nacht, 24 Stunden am Tag weltweit abrufbar sein müssen. Was ich damit sagen will: Flug- und Reisebuchungen sind sehr komplex.

Auch die Dynamik muss auf Bruchteile von Sekunden getimt sein, wenn zum Beispiel Airline-Daten und Daten eines Reiseportals aktualisiert werden. Häufig passieren Fehler! Manchmal merkt sie keiner. Noch nicht einmal das IT-System. Das ist das Tückische.

Daher ist die Aufgabe, alles zu integrieren, eine enorme Herausforderung. Eine kleine Ungenauigkeit, schon sitzen lauter »Peter Schulzens« in der Maschine. So auch bei der Fluggesellschaft, die uns gemeinsam mit einem spezialisierten IT-Unternehmen beauftragte, die Ablösung oder »Renovierung« der Kernsysteme voranzutreiben.

Die Operation am offenen Herzen wird geplant

Der Kunde wollte einen neuen Buchungskern. Unser Auftrag war es, zu prüfen, ob man das durch »Renovierung« des alten Kernsystems machen sollte oder besser durch Beschaffung eines neuen Kernsystems. Es war eine grundsätzliche Frage.

Komplexe Aufgaben setzen die Wertschätzung der Mitarbeiter voraus – vor allem der »Altsystemkenner.«

Aber begonnen haben wir – ganz in unserer gewohnten Art – mit dem Beobachten. Zum einen wollten wir verstehen, warum die Abläufe trotz des organisatorischen Chaos und des Chaos in den IT-Systemen noch relativ gut klappten. Denn irgendwie klappt es ja. Zum anderen mussten wir zunächst das »Altsystem« verstehen – und in jedem Fall mussten wir es vermeiden, diejenigen zu vergraulen, die das alte System kannten und verstanden. Solche komplexen Aufgaben erfordern vor allem die Wertschätzung der Mitarbeiter. Immer der alten Regel folgend: Bei den Menschen sitzt das Wissen. Bei den Menschen ist unter Umständen auch die Lösung zu finden. Das gilt auch und gerade für IT-Systeme.

Wir haben also hingeschaut, wie die Fluggesellschaft ihre Buchungen organisierte. Tag für Tag. Eines Tages sahen wir zum Beispiel Folgendes: Ein Vorstand der Fluggesellschaft wollte kurzfristig in den Urlaub fliegen, zusammen mit seiner Frau ein paar Tage ausspannen. Doch alle in Frage kommenden Flüge waren ausgebucht. Wir waren gespannt, was nun geschehen würde. Wir sahen dann, wie sich eine Mitarbeiterin für Spezialbuchungen an die Arbeit machte. Sie setzte sich an ihren

PC, loggte sich in das System ein, arbeitete sich an Daten ab und fand schließlich einen Zugang zu den Buchungen. Genauer gesagt: Sie ging viel tiefer in das System als offiziell erlaubt. Sie betrat »verbotene Zonen«.

Was rauskommt, ist kein Zufall.

In diesen Zonen entdeckte sie nach knapp einer Stunde Suchen, dass es noch einige wenige Plätze gab. Denn sie fand die tatsächliche Auslastung – nicht die verkaufte. Und dort gab es noch ein paar Plätze in einer Maschine. Wohlgemerkt: Offiziell war die Maschine ausgebucht. Peter Schulz lässt grüßen. Die Spezialistin kam nach zwei Stunden mit der gebuchten Reise in das Büro des Vorstands. Der Urlaub konnte beginnen.

Einmal mehr erlebten wir: *»Each organisation is perfectly designed to get the results it gets«* (David P. Hanna). Was dann rauskommt, ist kein Zufall. Und es ist immer ganz erstaunlich, was Menschen aus Organisationen und Systemen alles »herausholen«, auch wenn diese dafür gar nicht gemacht sind.

Das System war offensichtlich noch komplexer, als wir dachten. Und dann machten wir uns Schritt für Schritt daran, das alte System besser zu verstehen. Und vor allem das Herz des alten Systems, den Buchungskern. Denn die Ablösung eines Buchungskerns ist wie eine Operation am »offenen Herzen«.

Bei einer Fluggesellschaft kann man nicht einfach die Buchungen abstellen.

So wie man an einem großen Autobahnkreuz den Verkehr nicht einfach abstellen kann. Man muss daraus eine gut organisierte Baustelle machen, damit der Verkehr noch fließen kann, wenn auch langsamer. Aber nur so gelingt eine schrittweise Erneue-

rung eines alten Systems. Und bei dem Buchungssystem mussten wir letztendlich klären, ob und wie die »Renovierung« des Kernsystems gelingen könnte.
Wir hatten vom »alten Herzen« bei den bisherigen Arbeiten nur die losen Enden gesehen. Wir konnten uns aber keinen kompletten Überblick verschaffen. Wir sahen nicht, wie es pochte, nur dass es pochte.
Um aber weiterzukommen, mussten wir das »alte Herz« besser kennenlernen. Und dazu brauchten wir den sogenannten Quellcode des alten Systems, gewissermaßen die Programmierung der DNA des Buchungssystems. Nur wenn wir den hätten, wären wir in der Lage, die Renovierung vollständig über die Bühne zu bringen.

Wie pocht das alte Herz?

Wie also kamen wir an den Quellcode? Dieser Quellcode war schon einige Jahre alt und stammte von einer kleinen Softwarefirma, die damals das Buchungssystem der Fluggesellschaft aufgebaut hatte. Doch die Rechte am Quellcode waren nicht im Lieferumfang gewesen. Wie meistens. Wir machten uns auf die Suche nach dem Code. Das sollte sich als schwierig erweisen.
Denn der Chef der Softwarefirma war gestorben, und die Rechte des Quellcodes waren auf seine Frau übergegangen. Ich vereinbarte einen Termin mit der Witwe und machte mich ein paar Tage später auf den Weg. In der Hoffnung, dass sich die Witwe die Rechte an dem Quellcode abkaufen ließe.
Womit wir wieder bei kleinen Lösungen wären: Um zum Erfolg zu kommen, muss man manchmal Kaffee trinken, geduldig sein und gute Worte finden.

Da hilft die ganze IT-Kompetenz nichts. Da können Sie noch so ein Experte auf Ihrem Gebiet sein. Und bei der Witwe wurden mir dann auch ganz klar Grenzen aufgezeigt. Wir saßen zusammen am Tisch. Sie schenkte mir Kaffee ein und hörte mir aufmerksam zu.

»Ich verkaufe nicht.«

Der Hintergrund war klar: Sie lebte von den Lizenzen des Quellcodes, das war sozusagen ihre Alterssicherung. Unser Auftraggeber hatte mir einen Betrag genannt, den ich ihr als Kaufpreis anbieten durfte. Doch so nett sie mir gegenüber war, so klar war sie auch in ihrer Haltung. Sie war nicht bereit, den Quellcode zu verkaufen. Ich konnte noch so viel auf sie einreden. Sie wäre finanziell sogar bessergestellt gewesen, wenn sie den Quellcode an die Fluggesellschaft verkauft hätte. Es gab viel, was für einen Verkauf gesprochen hätte. Aber sie blieb dabei: Den Quellcode gibt es nicht. Sie wollte nicht verkaufen. Basta. »Noch einen Kaffee?«

Man kann nicht alles meistern

Wenn ich von den kleinen Lösungen spreche, dann gilt natürlich auch immer: Es sind auch Kleinigkeiten, an denen Vorhaben scheitern können. Wie im hier geschilderten Fall. Alles war bereit: Die Fluggesellschaft wollte ihre Buchungen neu ausrichten. Man hatte uns als Beratungsfirma engagiert, weil der gesamte Organisationsprozess auf einen neuen Stand gebracht werden sollte, es gab den Plan eines renovierten Kernsystems – und dann gab es ein Kaffeetrinken. Es gab eine Witwe und einen Unterhändler (mich). Und es gab – kein Ergebnis. Und so blieb die völlig veraltete Kernsoftware der Fluggesellschaft noch viele weitere Jahre im Einsatz.

Wir hatten vieles an dem System erneuert und angepasst, im Kern blieb das System allerdings das alte. Die Komplexität konnten wir nicht zur Gänze meistern, weil wir zwar 1000 kleine Lösungen, also 1000 Schritte, bei der Systemerneuerung gegangen waren, aber es nicht gelang, die Witwe zu überzeugen.

14. 213 KLEINE LÖSUNGEN

Wie die Kanzlerin in die Zukunft blickte und warum es manchmal besser ist, bescheiden zu bleiben

Und dann wollte die Kanzlerin in die Zukunft blicken. Sie tat es eindrucksvoll. So eindrucksvoll, dass heute noch viele nachfragen, auch aus dem Ausland: Wie hat sie das gemacht? Wie ist ihr das gelungen?

Tatsächlich war der Zukunftsdialog der Bundeskanzlerin Angela Merkel in den Jahren 2011 und 2012 etwas Außergewöhnliches, sowohl inhaltlich als auch in der Form. Mehr als 130 Experten hatten sich 18 Monate lang in kleinen Gruppen im Kanzleramt in Berlin getroffen, Tausende von Bürgern waren beteiligt, es gab Town-Hall-Meetings in verschiedenen Städten, über 1,7 Millionen Besuche gab es in zehn Wochen auf der Online-Dialogplattform, rund 11 000 Vorschläge wurden gemacht. Das Ganze mündete in 213 Lösungsvorschläge, von denen es mehr als 20 direkt in den Koalitionsvertrag der Großen Koalition geschafft haben.

Und das, obwohl die Vorschläge für die nächsten zehn Jahre ausgelegt waren.
Der Dialog war ein Erfolg. Und wenn Sie sich jetzt fragen: Wovon spricht Herr Henning?, kann ich Sie beruhigen. Da sind Sie nicht allein. Immer noch wissen zu wenige Menschen in Deutschland von diesem Zukunftsdialog. Nur bei wenigen Millionen ist dieses Ereignis bekannt, das bis heute nachwirkt und in erheblichem Umfang in die Tagespolitik eingeflossen ist – und das es so in dieser Form noch nie in Deutschland gegeben hatte.

Warum haben wir nie davon erfahren?

Das ganze Projekt lief unter dem Radar der Hauptstadtpresse. Man blickt immer noch in erstaunte Gesichter, wenn man davon berichtet. Ich war dabei, ich weiß, wie Menschen reagieren, wenn sie davon zum ersten Mal hören: »Warum haben wir nie davon erfahren?« Oder: »Warum ist das nicht bekannt?« Dann beginne ich mit langen Erklärungen. Aber das muss nicht schlecht sein, dass dieses wirklich positive Ereignis von so wenigen wahrgenommen wurde. Vielleicht war es gut so. Vielleicht hätte zu viel öffentliche Wirkung das Projekt auch gefährden können. Das ist eine vielleicht unangenehme, aber durchaus wichtige Erkenntnis. Damit etwas gelingt, sollte man manchmal nicht so viel darüber sprechen. Kleine Lösung heißt eben auch: nichts Unnötiges riskieren, nichts, was das Ganze zum Einsturz bringen könnte. Das ist bitter für die Eitelkeit. Aber es dient dem Ganzen.

2009 dachte man 30 Jahre voraus

Der Blick in die Zukunft hat eine Vorgeschichte. Schon 2008 und 2009 hatte das Bundeskanzleramt verschiedene Methoden der Zukunftsvorausschau zu ausgewählten Themen in einen Dialog gebracht. Das war sicher ein guter Anfang. Dabei waren private und öffentliche Institute sowie Einzelpersönlichkeiten, die sich mit der näheren und ferneren Zukunft beschäftigen. Die Perspektive war auf 20 bis 30 Jahre angelegt. Das Problem war, dass der Zeitrahmen zu weit gespannt war. Als Folge davon wurden die Empfehlungen zu unkonkret. Auch waren die Themen an vielen Stellen zu breit angelegt.

Denkt man 30 Jahre voraus, wird man unkonkret.

Die Experten wurden zu drei breiten Themen jeweils in einer großen Runde zu Gesprächen ins Kanzleramt eingeladen. Wissenschaftler, Literaten, Zukunftsforscher, Unternehmer, Berater, insgesamt viele sehr kluge Köpfe des Landes. Ein paar renommierte Einrichtungen für Zukunftsfragen bekamen Aufträge, arbeiteten Papiere aus, und einige Experten durften abschließend etwas dazu sagen.

Zum Abschluss gab es auf Schloss Meseberg, dem Gästehaus der Bundesregierung, ein Gespräch der Bundeskanzlerin mit einigen dazu eingeladenen Experten. Natürlich ist das eine große Ehre, im Schloss Meseberg zu sitzen und sich mit der Kanzlerin auszutauschen. Einerseits. Andererseits saßen da Menschen im Expertengremium, die die »Rückständigkeit der deutschen Universitäten« beklagten. Rückständigkeit? Das konnte ich so nicht stehen lassen: »Sie scheinen die Realität der deutschen Universitäten nicht zu kennen. Ich komme zumindest von einer Technischen Universität mit Weltruf.«

Ich musste meine RWTH verteidigen, und das war bezeichnend. Man stritt ein bisschen. Die einen sagten, die deutschen Universitäten seien einfach schlecht. Andere hielten dagegen. Ergebnisse gab es wenige.

Die großen Linien der Diskussion waren eigentlich völlig in Ordnung, und ich habe durchaus eine Menge über die Zukunft Deutschlands gelernt.

Wenn ich gefragt werde, was ich dabei gelernt habe, fasse ich es seither in den drei Sätzen zusammen: Uns gehen die jungen Menschen aus. »Enabled by Germany« wird »Made in Germany« ablösen. Und: Der Homo Zappiens kommt.

Das waren die drei wichtigsten Erkenntnisse von 2008/2009. Zumindest für mich. Doch so zufrieden waren nicht alle.

Mitarbeiterinnen und Mitarbeiter des Planungsstabs im Kanzleramt machten eine Manöverkritik. Man wollte mehr, konkrete, nutzbare Ergebnisse. Als Beteiligter wurde auch ich um ein Feedback gebeten. Ich hielt mich nicht zurück. Es ist vielleicht nicht angemessen, dass man im Kanzleramt rummosert und wenig diplomatisch seine Meinung sagt, aber warum hätte ich mich zurückhalten sollen? Damit war die Sache für mich erledigt.

Ich hielt viele Vorträge über die Zukunftswerkstätten und den abschließenden Zukunftskongress, versuchte, die Ergebnisse davon irgendwie für mich konkret zu machen, und ging wieder meinem üblichen beruflichen Engagement nach.

Können Sie mal vorbeikommen?

Das Telefon klingelte. Am anderen Ende das Bundeskanzleramt. Es ist Ende 2010. »Können Sie mal vorbeikommen? Wir planen gerade ein neues Dialogformat, und Sie haben doch damals Kritik geübt.« Ja, ich hatte mit meiner Meinung nicht hinterm Berg gehalten.

Das erste Grobkonzept lag vor, man diskutierte Details und die sinnvolle Zusammenfügung im Ganzen. Sie wollten mich nun von Anfang an bei der Gestaltung eines neuen Formats dabeihaben. Es galt, ein komplexes System zu meistern, und offenbar hatte meine schonungslose Analyse des Zukunftsdialogs 2009 überzeugt und geholfen. Oder wollte man sehen, ob von mir mehr kommt als nur Kritik? Ich war auf jeden Fall geehrt, bei solch einem Projekt von Anfang an dabei zu sein.

Wie wollen wir leben?

Ausgangspunkt für das neue Format war die Frage: »Wie wollen wir in Zukunft leben?« Aus dieser Frage sollte sich der gesamte Zukunftsdialog ableiten. Wie wollen wir leben? Das war gesetzt. Das Bundeskanzleramt wollte einen breit angelegten Dialog über die Zukunft des Landes und so etwas wie eine Kultur des Vorausschauens etablieren. Mit Experten aus Wissenschaft und Praxis und mit Bürgern – Experten ihres eigenen Lebens.

Es ging nicht um eine politische Strategie, die nur bis zum nächsten Wahlkampf reicht, sondern um einen Weitblick. Es ging auch nicht darum, einfach nur Problemlagen zu beschreiben. Es ging um Antworten. Was wird in den nächsten zehn Jahren wichtig? Mit Experten und Bürgern sollten konkrete Handlungen und Lösungen erarbeitet werden. Die Lösungen sollten in den

nächsten zehn Jahren greifen, man wollte unmittelbarer ansetzen, nicht in einem Zeitraum von 30 Jahren denken.
Und was liegt im Einflussbereich der Bundeskanzlerin? Es sollte von Anfang an konkret sein, über die Tagespolitik und die üblichen Debatten hinausgehen. Es sollte visionär, aber immer auch umsetzbar sein – und kostenneutral. Und wenn der Vorschlag etwas kostet, sollte der jeweilige Ideengeber angeben, wo man dafür einsparen könnte oder warum der Staat mit dieser Maßnahme in welchem Zeitraum Ausgaben einspart. Konkret und nicht an wissenschaftlichen Wunschvorstellungen orientiert. Etwas ganz Neues eben.
Und: Die Bundeskanzlerin wollte die Bürger dabeihaben. Sie wollte nicht nur einen Expertendialog, einen Zirkel aus Wissenschaftlern und Praktikern aufbauen, sondern mit Hilfe neuer Medien auch einen Bürgerdialog schaffen, eine Plattform, in deren Rahmen sich Bürger mit Ideen und Vorschlägen einbringen können. Der Versuch einer Bundeskanzlerin, mit möglichst vielen Menschen in einen Dialog zu treten.

Man wollte aus Fehlern lernen.

Ein weitere Vorgabe seitens des Kanzleramts: Der gesamte Zukunftsdialog sollte Mitte 2012 beendet sein. Damit die Kanzlerin noch ausreichend Zeit hatte, Vorschläge politisch umzusetzen. Auch wollte man dem vorhersehbaren Verdacht entgegenwirken, Wahlkampf für die Bundestagswahl 2013 zu betreiben. Jedes Projekt der Bürgerbeteiligung muss seine Glaubwürdigkeit auf vielerlei Weise unter Beweis stellen.
Das klang alles überzeugend. Das klang nach einem wirklich ernst gemeinten Versuch. Was mir auch sehr imponierte, war

die Haltung im Kanzleramt: Man wollte aus Fehlern lernen. Man wollte einen Schritt weiter gehen. Man hatte die Idee des Foresight-Instruments und wollte diese Idee nicht aus der Hand geben, auch wenn es beim ersten Mal nicht ganz zufriedenstellend geklappt hatte.
Ich wurde gefragt: »Machen Sie mit als wissenschaftlicher Koordinator?« Ich sagte spontan: »Ja.« Wenn das Kanzleramt anruft, sagt man nicht unbedingt nein, außerdem klang das Projekt äußerst vielversprechend. Erst viel später wurde mir klar, was die Koordinatorentätigkeit alles mit sich bringen würde.

Drei zentrale Fragen

Die übergeordnete Frage – »Wie wollen wir in Zukunft leben?« – wurde in der ersten Planungsphase in drei Themenblöcke unterteilt. Die erste stand fest: »Wie wollen wir zusammenleben?«

»Wie wollen wir zusammenleben?«

Mir selber war aus dem ersten Zukunftsdialog negativ in Erinnerung, dass die berufliche Realität von Familienunternehmern, Eigentümerunternehmern und Selbständigen in unserem Land kaum ein Thema gewesen war. Obwohl gerade diese Unternehmen, der berühmte deutsche Mittelstand, mehr als zwei Drittel aller Arbeitsplätze in Deutschland stellt, obwohl wir unser gutes Bild im Ausland vor allem auch den Innovationen und der Leidenschaft dieser Unternehmen zu verdanken haben. Ich beharrte auf diesem Thema und leitete dann auch die Arbeitsgruppe.

Die Frage »Wovon wollen wir leben?« traf am besten die Fragen, die die Bundeskanzlerin umtreiben: Wo kommen die Arbeitsplätze der Zukunft her? Worin liegen die Grundlagen für den Wohlstand aller in der Zukunft?
Um diesen Fragenkomplex wollte ich mich gern selbst kümmern und die Chance nutzen, der Kanzlerin selbst darzulegen, wie wir Deutschlands Stärken stärken.

»Wovon wollen wir leben?«

Wir Deutschen leben in einer »Defizitkultur«, wir bemängeln ständig, was noch fehlt, wo wir schwach sind, wie wir Amerikanern und Asiaten hinterherhinken. Auch in den Expertendiskussionen dauerte es eine Weile, bis es sich nicht mehr nur um die Probleme und Schwächen Deutschlands drehte und wir uns schließlich den Stärken widmen konnten. Gerade die Frage, wie die negative Einstellung zu unserem Land überwunden werden kann, entwickelte sich zu einem Schwerpunkt des Dialogprozesses.

»Wie wollen wir lernen?«

Die dritte Frage war klar: Es gibt keine Zukunft ohne Bildung. Doch Bildung ist schwierig. Die Zuständigkeit in Bildungsfragen liegt bei den Ländern. Die Kanzlerin kann lediglich Anstöße geben – was sie mit der Vision einer »Bildungsrepublik« bereits begonnen hatte. Als Spezialist für Lernprozesse, der gewohnt war, einfach zu fragen, schlug ich die Formulierung vor: »Wie wollen wir lernen?« Wie lernen wir an den verschiedenen Lernorten unseres Lebens? Der etwas sperrige Begriff »Lernort« hat uns davor bewahrt, in endlose Diskussionen über Schulstrukturen abzugleiten – auch wenn diese Diskussion immer wieder wie ein kleines U-Boot in den Arbeitsgruppen auftauchte. Wir lernen nicht nur in der Schule. Wir lernen bei der Arbeit, auf der Straße, im Verein, durch Kultur, durch Freunde usw. Es gibt unendlich viele Lernorte. Das Lernen ist mit Schulschluss nicht beendet, das Lernen hört nie auf. Das war eine der ersten Botschaften, die von diesem Dialog ausgingen.

Deutschlands Stärken stärken

Unter den drei übergeordneten Fragen wurden jeweils sechs Arbeitsgruppen gebildet, die unterschiedliche Zugänge zur Fragestellung hatten. Inhaltliche Überschneidungen, Dopplungen usw. waren beabsichtigt. Alles hängt mit allem zusammen, diese Komplexität sollte nicht so stark reduziert werden, wie es in der Aufteilung der Wissenschaftsdisziplinen üblicherweise geschieht.

Deutschland Stärken stärken ist nicht unsere starke Seite.

Digitales Lernen tauchte ebenso bei Bildungsfragen auf wie bei der Frage der Innovationsfähigkeit. Sowohl in der Arbeitsgruppe »Lernende Gesellschaft« als auch in der Arbeitsgruppe »Bürgerbeteiligung« ging es um unsere politische Kultur. Um die Integration von bildungsfernen Schichten. Mein Spezialthema »Deutschlands Stärken stärken«, das die Innovationsfähigkeit Deutschlands und die Unternehmerkultur diskutierte, war auch Thema der Arbeitsgruppen »Deutschlands Selbstbild« und

»Deutschland in den Augen der Welt« im Themenbereich »Zusammenleben«.
So kamen wir insgesamt auf 18 Arbeitsgruppen. In jeder dieser Gruppen sollten einige wenige Experten in intensiver Gruppenarbeit konkrete Handlungsvorschläge erarbeiten. Sie sollten nicht bei der wissenschaftlichen Analyse der Ausgangssituation stehen bleiben und nicht nur ihre Meinung zur Zukunft sagen. Es ging um Lösungsvorschläge, um Handlungsoptionen für die Bundesebene, um konkrete Ideen. Für die nächsten zehn Jahre. Kostenneutral. Die Struktur glich einem Ideengenerator, den es so noch nie gegeben hat.
Es sollten kleine effiziente Lösungen werden mit großen Wirkungen im Gesamtsystem. Das war zumindest meine feste Überzeugung. Auch die Bundeskanzlerin und die Verantwortlichen des Bundeskanzleramts hatten das im Blick. Weil die besser funktionieren. Wie wir an vielen Beispielen gesehen haben, ist das der wirksamste Weg, Systeme mit hoher Komplexität und Dynamik zu beeinflussen.
Man hatte mich gefragt, wie man die Komplexität und Dynamik eines solchen Dialogprozesses in den Griff bekommen könnte. Was ich dazu beitragen könnte. Nun, was für die Umstrukturierung von Krankenhäusern oder für die Erhöhung der Produktivität bei Maschinenherstellern gilt, gilt in gewissem Sinne auch für das Bundeskanzleramt:
Halte es so klein wie möglich! Keep it simple! Down to earth! Suche die kleine Lösung! Achte auf die Details!
Lange vor Beginn des Dialogs arbeiteten wir also an den Details. In gewissem Sinne war es immer auch eine Suche nach dem Detail, nach dem gefährlichen Detail, das das Ganze zum Einsturz oder Scheitern bringen könnte.

Immerhin war es der Dialog der Bundeskanzlerin, immerhin sollten hier auch Steuergelder sinnvoll eingesetzt werden. Und nicht zu vergessen: Früher oder später würde es auch eine breite Öffentlichkeit erfahren – und die sollte dem Projekt positiv gegenüberstehen. Darauf galt es zu achten.

Halte es so klein wie möglich! Keep it simple! Down to earth! Suche die kleine Lösung! Achte auf die Details!

Deshalb war die erste Phase sicher geprägt von dem Versuch, vor allem die Kleinigkeiten richtig zu machen, um das große Ganze stabil zu halten. Aber was waren die Kleinigkeiten, über die man stolpern konnte? Welche Details galt es in den Griff zu bekommen – und inwieweit war das Kanzleramt offen für Vorschläge von einem externen Berater? Sehr offen, wie ich erleben durfte.

Wissenschaftler müssen ihr Wissen auf den Punkt bringen

Das erste Detail: In den Arbeitsgruppen sollten etwa sechs bis sieben Experten sitzen. Das hat etwas mit der Dynamik in einer Gruppe zu tun. Bei mehr als sieben Teilnehmern wird es unübersichtlich, man bildet innere Hierarchien. Keine gute Voraussetzung, um gemeinsam an Lösungen zu arbeiten. Bei sieben Teilnehmern gibt es diese Hierarchien noch nicht.
Dazu kamen zur Unterstützung die Mitarbeiter aus dem Bundeskanzleramt. Die eigentlichen Diskutanten waren aber die Experten.

Das zweite Detail, eigentlich das wichtigste Detail: Es müssen Lösungen her. Die Bundeskanzlerin wollte Antworten auf Fragen. Wir wollten ganz konkret Ideen und Vorschläge. Es sollte sich herausstellen, dass das die größte Umstellung für viele Experten war. Sie waren es gewohnt, Probleme zu benennen, gesellschaftliche Entwicklungen zu analysieren und allgemeine Botschaften oder Handlungsvorschläge zu entwickeln. Sie waren es aber nicht gewohnt, für ein Problem mehrere sehr konkrete und bestenfalls neue Handlungsoptionen zu entwickeln. Da spaltete sich auch der Expertenkreis. Die Wissenschaftler unter den Experten kamen oft nicht auf den Punkt. Die pragmatisch denkenden Unternehmer hingegen griffen häufig zu kurz und dachten zu wenig an die Rück-, Fern- und Nebenwirkungen. Das hat damit zu tun, dass Unternehmen meist weniger komplex sind als politisches Handeln.

Ohne eine professionelle Moderation wird es nicht gelingen.

Deshalb war das dritte Detail so eminent wichtig: Solche Runden wurden professionell moderiert. Mit Moderatoren, die geschult darin sind, Lösungen herbeizuführen. Und sich nicht selbst in den Mittelpunkt stellen. Moderatoren, die große Erfahrung darin haben, in Unternehmen und Organisationen an Handlungsvorschlägen zu arbeiten und in einem gegebenen Zeitrahmen zu Lösungen zu kommen – ohne die Teilnehmer zu dominieren. Moderatoren, die wissen, wie man Menschen gemeinsam zu einem Ziel führt. Ich sagte: »Wenn Sie es nicht moderieren lassen, können wir es gleich vergessen. Dann wird das nichts.«

Also wurde eine Reihe von Moderatoren engagiert. Das war gut so. Und mir wurde klar: Wenn man das Bundeskanzleramt von etwas überzeugt hat, dann sind die Kolleginnen und Kollegen sehr konsequent. Ohne diese Konsequenz – auch gegenüber den Experten – hätte es nicht geklappt. Und auch nicht ohne die unzählbaren Überstunden. Auch wenn sich der eine oder andere Experte an dieses permanente »Auf-die-Lösung-Drängen« erst gewöhnen musste.

Jetzt stellen Sie sich doch einmal vor, Sie sind Kanzlerin. Was würden Sie denn tun?

»Haben Sie eine konkrete Lösung?«
»Was würden Sie tun, wenn Sie Kanzlerin oder Kanzler wären?«
»Was würden Sie bei diesem oder jenem Thema der Bundeskanzlerin empfehlen, wenn sie jetzt die Tür aufmacht und sich zu uns setzt?«
Das waren die Fragen, mit denen die Moderatoren keine Ruhe gaben. Immer wurde insistiert. Immer gleich nachgehakt. Nichts blieb als »Man müsste mal …« im Raum stehen. Alles sollte in konkrete, umsetzbare Vorschläge gebracht werden. Sobald es zu analytisch wurde, führten die Moderatoren die Experten sanft in Richtung Lösung. Mal sanft, mal energisch.
Im Herbst 2011 ging es los, nacheinander trafen sich 18 Arbeitsgruppen. Das Besondere war, dass der Dialog von Beginn an interdisziplinär war, der Historiker sprach über Familie wie der Ingenieur über das Lernen. Die Berufsschullehrerin sprach mit dem IT-Manager, der Altersforscher mit dem Politikprofessor. Komplexe Fragestellungen erfordern komplexe Lösungen – die Perspektive nur einer Fachrichtung ist dafür meist zu einseitig.

Und auch das war gesetzt: Keine Expertengruppe ohne Frauen! So entstand eine Mischung aus jungen und erfahrenen Wissenschaftlern und Praktikern, mit und ohne Erfahrungen in der Beratung der Politik und in der Zusammenarbeit mit der Verwaltung.
Und das eigentlich Faszinierende war, dass man eine ganze Reihe hochrangiger Fachleute aus ihren gewohnten Runden, aus ihren eingespielten Zirkeln herausgeholt hatte, um etwas Neues zu schaffen. »Quer denken, neu denken, vorausdenken« war eines der vorgegebenen Prinzipien der Zusammenarbeit.

Quer denken, neu denken, vorausdenken

Noch ein Detail war wichtig: Es sollten möglichst keine Funktionäre dabei sein. Das hatte einen einfachen Grund. Wer als Verbandsvertreter in einer Runde sitzt, wird und muss die Interessen seines Verbands vertreten. Verbandsvertreter sind ihrer Organisation verpflichtet, sie müssen im Sinne ihres Verbands argumentieren. Sie sind an die Forderungen und Vorschläge, Überzeugungen und Sprachregelungen ihres Verbandes gebunden – was völlig in Ordnung ist, wenn es um »normale« Interessenvertretung geht. Was für einen ergebnisoffenen Dialog, in dem Lösungen erst entwickelt werden sollen, aber kontraproduktiv wäre. Es ging um Experten, die gemeinsam etwas Neues erarbeiten sollten, und nicht um Vertreter von Interessen, die bekannte Forderungen wiederholen. Satzanfänge wie: »Unser Verband ist der Auffassung …« oder »Mein Chef hat mir dazu aufgetragen, Ihnen seine Auffassung vorzutragen …«, »Ich habe immer schon gesagt …« wollte im Kanzleramt in diesem Dialog keiner hören.

Es gab wenig anderes

Mehr als ein Jahr haben die Mitarbeiterinnen und Mitarbeiter im Kanzleramt dieses Format intensiv vorbereitet. Mit bemerkenswertem Engagement. Und mit richtiger Begeisterung.

Als wissenschaftliche Koordinatoren wurden neben mir die Münchner Familienforscherin Sabine Walper und der Jurist Stephan Breidenbach, Initiator der Berliner Humboldt School of Governance, berufen. Dann wählten wir gemeinsam mit dem Bundeskanzleramt 18 Kernexperten als Leiter der Arbeitsgruppen aus. Aus der Welt der Wissenschaftler und Praktiker in Deutschland – aber auch aus dem Ausland – wurden die Experten ausgewählt, auf drei Themenstränge verteilt und in Arbeitsgruppen organisiert.

Wir drei wissenschaftlichen Koordinatoren sollten neben unserer Arbeitsgruppe und unserem Themenfeld vor allem die inhaltlichen Querverbindungen im Dialog herausarbeiten und füreinander fruchtbar machen. Dafür nahmen wir, soweit möglich und wo nötig, an möglichst vielen Arbeitsgruppensitzungen teil und halfen, die Themenstränge weiterzuentwickeln, Ergebnisse zusammenzudenken und das Ganze im Blick zu behalten. Für mich gab es in dieser Zeit wenig anderes.

Haben wir die richtigen Fragen?

Aber erst einmal trafen sich die 18 Kernexperten. Nicht zusammen, sondern immer nur die sechs Kernexperten eines Themenstrangs und die Koordinatoren. Und der Planungsstab. Und die Bundeskanzlerin. Jeweils einen ganzen Tag im Bundeskanzleramt oder auf Schloss Meseberg. Mit nur einem Thema: Haben wir die richtigen Fragen für die 18 Gruppen? Das ist ein enormer

Aufwand am Anfang eines Expertendialogs, aber es war letztendlich ein wesentlicher Schlüssel zum Erfolg. In entspannter Atmosphäre dachten wir über die richtigen Fragen nach. Welche Fragen sind es, deren Beantwortung uns hilft, eine gute Zukunft für die Menschen zu gestalten?

Drei Tage hat die Bundeskanzlerin allein dafür investiert und dabei vor allem zugehört. Ihr Redeanteil an diesen drei Tagen betrug nie mehr als eine halbe Stunde. Im Grunde hatte sie überhaupt keine Zeit für dieses Zuhören. Die Euro-Krise war auf dem Höhepunkt, Griechenland stand kurz vor dem Kollaps. Ab und zu mussten die Gespräche deshalb für ein paar Minuten unterbrochen werden, weil etwas in der großen Weltpolitik knirschte. Dann ging es wieder weiter: »Was gibt es zum Selbstbild der Deutschen zu sagen?«

Die Kanzlerin hat die Fragen geerdet.

Wenn man Angela Merkel heute fragen würde, waren es wohl genau diese Tage, diese Gesprächsrunden, die endgültig ihre Begeisterung für das Format entfacht hatten. Übrigens galt das auch für die Kernexperten, soweit sie es bis dahin nicht schon waren. Es ging um das Selbstbild der Deutschen, um Familie, um das Zusammenleben der Generationen. Es ging um die Stärken Deutschlands, um unsere technologieorientierten Familienbetriebe, von denen viele längst Weltmarktführer sind. Es ging um unsere einzigartige Kultur der beruflichen Bildung, um die uns die ganze Welt beneidet.

Angela Merkel erzählte manches aus ihrem eigenen Leben, zum Beispiel ihre erste Fahrt nach Westdeutschland. Sie erläuterte, was aus ihrer Sicht das heutige Deutschland ausmacht und wie schwierig es ist, die Stellung Deutschlands in Europa auszuloten. Sie hat im Gespräch die Fragen oft »geerdet« und zugespitzt. Sie hat die Perspektive der Bürger, der Realität, des Alltags hineingebracht. Immer wieder brachte sie die Themen aus der wissenschaftlichen oder unternehmerischen Sicht in die Lebenswelt der Menschen. Das fand ich sehr beeindruckend.

Bei einem dieser Treffen blieb sie mehr als sieben Stunden. Mit gemeinsamem Essen. Sie hatte sich vom Tagesgeschäft ausgeklinkt und intensiv mit den Experten diskutiert und vor allem intensiv zugehört. Angela Merkel sagte später, wie wertvoll ihr die Zeit gewesen ist, in der sie ein paar Stunden raus war aus allen Entscheidungszwängen und, ohne auf jedes Wort achten zu müssen, über die Zukunft Deutschlands in einem kleinen Kreis nachdenken durfte. Auch davon könnte sich vielleicht der eine oder andere Firmenchef eine Scheibe abschneiden.

Konzentriere dich auf deinen Job

Ich hatte mehr als ein Jahr lang sämtliche Vorträge und Auftritte abgesagt. Ich wollte mich voll und ganz dieser Sache widmen – auch um das Projekt nicht zu gefährden. Mir schien es immens wichtig, meine Zeit und mein Engagement in diesen Dialogprozess zu investieren. Denn so etwas hatte es bisher nicht gegeben. Und wenn es etwas bisher nicht gegeben hat, besteht immer die Gefahr des Scheiterns. Ich erinnerte mich an den Rat von Carl-Friedrich von Weizsäcker, den er mir vor fast 30 Jahren gegeben hatte: »Wenn Sie nicht bereit sind, mit Ihrem interdisziplinären Ansatz zu scheitern, dann suchen Sie sich einen anderen Job.« Ich bin geblieben.

Es gab keine Erfahrungswerte für diese Kombination von Dialogen und Formaten. Es war eine neue Form der Politikberatung – und es war in gewissem Sinne auch ein neuer Ansatz des Regierens. Wohin das alles führen sollte, wusste keiner genau. Auch die politisch verantwortlichen Mitarbeiterinnen und Mitarbeiter im Bundeskanzleramt waren sich der tatsächlich vorhandenen Risiken stets bewusst. Und vor allem musste die Bundeskanzlerin zu den Risiken stehen, denn sie würde die Auswirkungen zu spüren bekommen, wenn etwas schiefging. Denn auch nach Beginn gab es unzählige Details, die im weiteren Prozess geklärt werden mussten.

Eine halbe Seite reicht

Ein Beispiel: Wenn Experten ihre Vorschläge ausarbeiten und ausformulieren, wie lang dürfen diese Texte sein? Gerade Professoren sind nicht unbedingt bekannt dafür, sich kurz zu fassen. Aber bei der Menge an Experten, bei der Menge an zu erwartenden Ideen? Wer sollte das alles lesen? Angela Merkel sollte das lesen. Natürlich liest sie sehr viel, aber was hielt die Kanzlerin in diesem Fall für den richtigen Umfang? Eine kleine Lösung: Sie wurde gefragt, und sie sagte: »150 Seiten.« Das war also die Vorgabe: 150 Seiten. Wir hatten 18 Arbeitsgruppen, mehr als 130 Experten – und 150 Seiten. Wir mussten also tun, was gerade Wissenschaftler nicht gerne tun: uns beschränken. Oder anders ausgedrückt: Wir mussten kleine Lösungen schaffen.

Für jede Arbeitsgruppe wurden mit den Kernexperten etwa fünf Leitfragen formuliert. Jeder Experte sollte für das erste Meeting je eine Frage beantworten und gleich Vorschläge machen. Analyse ja, aber maximal eine Seite. Und mehr als drei Seiten pro Experte: Nein. Lösungen, die einfach, klar und schnell nachvollziehbar sind. Keine »großen Würfe«, keine monumentalen Strukturveränderungen, sondern kleine, wendige Lösungen, die aber große Wirkung haben.

Die kleine Lösung: 150 Seiten

Allein die Beschränkung der Seitenzahl trug schon dazu bei, die Komplexität und Dynamik des Dialogs zu meistern. Eine im wahrsten Sinne des Wortes kleine Lösung: Lass sie nicht so viel schreiben. Sie sollen sich beschränken.
Und schon hat man griffige, umsetzbare Lösungen.
Ich rechnete und kam zu dem einfachen Ergebnis: Ein Vorschlag darf nicht mehr als eine halbe Seite lang sein. Denn jede Arbeitsgruppe will sicher auch noch eine einleitende Positionierung zu ihren Fragestellungen schreiben. Wenn ich immer wieder auf der halben Seite bestand, sah ich meist irritierte Gesichter. Sehr oft habe ich das kleine Einmaleins zu Hilfe nehmen müssen. Und immer wieder sagte ich in der Runde: »Die Kanzlerin will nicht mehr als 150 Seiten haben.« Damit Begründungen, Feinheiten und Hintergrundinformationen von Lösungen nicht verloren gingen, einigten wir uns auf eine zusätzliche Langfassung. Da durfte dann jede Lösung zwei Seiten haben – aber auch nicht mehr.

Wenn wir uns treffen, dann richtig – von 12 bis 12

Das nächste Detail. Angedacht war es, dass die Treffen an einem Tag stattfinden sollten – möglichst mit An- und Abreise an einem Tag. Ich schlug eine 24-Stunden-Lösung vor. Schnell waren alle überzeugt. Von 12 Uhr mittags bis 12 Uhr mittags, also 24 Stunden. Das ist ein in der Wirtschaft nicht unübliches Format und hat mehrere Vorteile: Es sind längere Anreisen möglich, es lassen sich noch Arbeiten und Termine an den jeweiligen Tagen organisieren, außerdem hat man einen Abend, also einen emotionalen Teil, so dass sich die Experten in einem privateren Rahmen, beispielsweise in einem Restaurant, treffen können. Immer nur eine der 18 Gruppen.

Also 36 Workshop-Tage von Ende August bis Anfang Dezember. Und dann noch mal 36 Workshop-Tage von Januar bis Juni. Alles im Bundeskanzleramt.

Ohne Öffentlichkeit. Ohne Presse. In Ruhe. Auch das ist eine kleine Lösung.

Auch ein gemeinsames Essen kann helfen.

Dazu gehörte auch, dass die sechs bis sieben Experten und die weiteren fünf Mitarbeiterinnen und Mitarbeiter aus dem Bundeskanzleramt und der Moderator unter Umständen besser zusammenarbeiten, wenn sie abends beim Italiener Pasta zusammen gegessen haben. Es klingt simpel, es klingt klein. Aber es sind eben solche Details, die über den Erfolg einer Unternehmung entscheiden können. Ein gemeinsames Essen der Experten ist beispielsweise eine Möglichkeit, Gemeinsamkeiten zu entdecken, statt in der Expertenrunde immer die Differenzen herausarbeiten zu wollen.

Auch wenn Differenzen durchaus gewollt waren. Es gab von Seiten des Kanzleramts keinen Konsenszwang, keine Verpflichtung, unbedingt auf eine Meinung zu kommen, am Ende sollten Vorschläge stehen. Dazu braucht man keinen Einigkeitszwang. Im Gegenteil, wir wurden ermutigt, unterschiedliche Argumente und Optionen transparent zu machen. Auf die bei solchen Runden üblichen politischen Protokolle wurde ebenso verzichtet wie auf weitere detaillierte Mitschriften. Fotoprotokolle sind besser. Und lieber dann gleich an den Formulierungen für Lösungen arbeiten. Es ging um die Lösungen.

Jede der 18 Gruppen traf sich 2011, entwickelte Vorschläge. Am Schluss kamen vier bis 22 Vorschläge pro Gruppe heraus. Was nichts über die Qualität der Vorschläge aussagte. Regeln dürfen auch nicht zu starr sein.

Nach den Sitzungen debattierten die Arbeitsgruppen in Telefonkonferenzen und im E-Mail-Austausch die konkrete Formulierung des einzelnen Vorschlags. Alles floss in eine Art Zwischenbericht, der Angela Merkel schon drei Monate nach Beginn der Arbeit der Arbeitsgruppen kurz vor Weihnachten 2011 vorgelegt wurde.

Sie traf sich im Januar 2012 mit Kernexperten, wieder an drei Tagen, wieder in intensiven Gesprächsrunden. Die Kernexperten berichteten als »Gruppensprecher« von der Arbeit. Die Bundeskanzlerin hörte sich alles an, gab da und dort Hinweise, vor allem auch im Hinblick auf die Umsetzung und Zuständigkeiten. Und sie hörte enorm konzentriert zu. Und wenn es ihr bei Formulierungen zu angelsächsisch zuging, wenn die Experten mit Begriffen wie »Caring Communities« oder »Civicness« hantierten, riet sie zu einer deutschen Entsprechung. Oder sie vermisste klarere Aussagen, beispielsweise zur Rolle der Ehe in der zukünftigen Gesellschaft.

Einige Wochen später trafen sich die Gruppen ein zweites Mal. Man versuchte die Anregungen der Kanzlerin und des Planungsstabes umzusetzen, debattierte ein weiteres Mal (und dies-

mal endgültig) die Vorschläge. Dabei war auffallend, dass sich zunehmend Mitarbeiter aus anderen Abteilungen des Bundeskanzleramts an den Workshops beteiligten. Das trug natürlich erheblich zur Quervernetzung innerhalb des Bundeskanzleramts bei.
Parallel, von Februar bis April 2012, war der Bürgerdialog online geschaltet. Tausende von Vorschlägen gingen ein, man konnte eine Stimme für die besten Ideen abgeben, und die Autoren der Ideen mit den meisten Stimmen wurden von der Bundeskanzlerin zu einem Gespräch ins Kanzleramt geladen.
Im Sommer 2012 wurden schließlich die Vorschläge der Experten in einem Abschlussbericht zusammengefasst. 213 Vorschläge kamen aus den Arbeitsgruppen. Auch viele der Bürgervorschläge fanden Eingang in diesen Bericht. Es war ein dickes Paket an Maßnahmen und ein Bündel an Ideen geworden. Vorschläge für das weitere Regieren.

Engagement Tag und Nacht

Es war ein unfassbar großes Projekt, organisiert und zusammengehalten von einer Handvoll Menschen im Planungsstab des Bundeskanzleramts und einer Handvoll Menschen im Bundespresseamt – um eigene Erfahrungen zu sammeln und um Kosten zu sparen. Auch ein Detail, auf das hingewiesen werden muss.
Denn schnell ist die öffentliche Meinung bereit, anzuprangern, wie Gelder verschwendet werden. Der Zukunftsdialog ist ein eindrucksvolles Beispiel, wie mit vergleichsweise geringen Mitteln ein großes Projekt gemeistert werden kann. Wie es eben

mit einer Aneinanderreihung vieler kleiner Lösungen gemeistert werden kann.
Der ganze Dialog war in meiner Wahrnehmung mehrfach aufgrund seiner Komplexität gefährdet. Ein Chaos schien nicht ausgeschlossen, keiner wusste genau, wie sich das entwickeln würde, die öffentliche Blamage lag durchaus im Rahmen des Möglichen. Deshalb war es in der ersten Phase besser, das Projekt nicht an die große Glocke zu hängen und es ohne Öffentlichkeit zu machen.

Eine wichtige Entscheidung:
Halte es klein, bleib bescheiden.

Dass es gelang, ein Projekt dieser Größe, das es in dieser Form bisher in Deutschland nicht gegeben hat, in der aufgeheizten Atmosphäre in Berlin, wo jeder Journalist aus ein paar aufgeschnappten Sätzen einen Aufmacher basteln kann, wo sich Lobbyisten, Agenturen und Abgeordnete permanent austauschen, im Stillen zu beginnen, halte ich rückblickend für phänomenal.
Es ist aus meiner Sicht eines der wichtigsten Details: Suche den kleinen Weg.
Halte es klein. Machst du es zu groß, gefährdest du unter Umständen das gesamte Projekt.
Vermutlich wäre der Zukunftsdialog früh zerredet worden, wäre er zu früh bekannt geworden. Einzelne Experten, die nicht über die mediale Routine verfügen, wären vielleicht ins Fadenkreuz geraten. Sie hätten vielleicht nicht souverän damit umgehen können. Man hätte etwas gefunden. Das Haar in der Suppe. Im Kanzleramt ist man es gewöhnt, dass sich Zitate verselbstän-

digen, man kaum etwas aufhalten kann, wenn es mal im Licht der Öffentlichkeit steht. Eine Bundeskanzlerin kann damit umgehen, eine Schulleiterin, ein IT-Spezialist oder ein Personalleiter hätten das mediale Gewitter der Hauptstadt vielleicht nicht schadlos überstanden, der Dialog hätte durchaus unter Angriffen von außen leiden können.

Wenn alle begeistert sind …

Tatsächlich hatte es das Bundeskanzleramt geschafft, dass der im Frühjahr 2011 gestartete Dialog ein halbes Jahr still arbeiten konnte. Bis Angela Merkel es in der Silvesteransprache 2011/2012 selbst ankündigte und öffentlich machte. Bis dahin tauchte der Begriff »Zukunftsdialog der Bundeskanzlerin« nirgends in den Medien auf.

Es lag vor allem auch daran, dass man alle Beteiligten für das Projekt begeistern konnte. Und jetzt kommen wir zu einer weiteren kleinen Lösung. Wenn Leute von einer Sache begeistert sind, dann wollen sie diese Sache auch schützen. Dann tun sie alles dafür, dass es nicht durch Querschläge kaputt gemacht wird. Dazu muss man die Begeisterung entfachen. Dazu muss man immer auch selbst für eine Sache brennen.

Wer begeistert von einer Sache ist, schützt diese Sache auch.

Und wenn man über die Gleichgültigkeit und Lustlosigkeit in der Politik liest, im Zukunftsdialog hat jeder erlebt, wie engagiert, wie leidenschaftlich Menschen, die in der Politik arbeiten, sich für eine Sache einsetzen. Dass so ein Format überhaupt möglich ist, dass man offen, völlig überparteilich, ohne Konsenszwang über die Zukunft diskutieren kann – das hat nahezu alle Beteiligten begeistert. Wenn eine Innovation eine Faszination ausstrahlt, dann sind Menschen bereit, viel dafür zu investieren. Was ich sagen will: Keinem ist gedient, wenn Sie ein schönes Projekt vorab hinausposaunen. Damit keiner in die Versuchung gerät, es zu tun, muss Ihr Projekt Begeisterung auslösen – und das tut es nur, wenn Sie selbst auch begeistert sind. Wer ein Feuer entfachen will, muss selbst für die Sache brennen.

Wirkungen? – Eine Kultur des Zuhörens

Der Dialog, der später ein Bürgerdialog wurde, und vor allem auch die Town-Hall-Meetings, in denen sich die Kanzlerin den Fragen und Ideen der Bürger stellte, haben meines Erachtens etwas verändert. Zumindest ist meine Wahrnehmung so, dass das Zuhören – das echte Zuhören – wieder mehr ins Bewusstsein der Politik gerückt ist. Auch der Online-Dialog entwickelte sich zu einem großen Erfolg.

In zehn Wochen 11 000 Vorschläge

Zehn Wochen lang war die Seite online geschaltet, zehn Wochen lang konnten Ideen und Vorschläge der Bürger eingereicht werden. 1000 Vorschläge hatte man erwartet. 1000 Vorschläge zählte das Bundespresseamt in den ersten 24 Stunden. Insgesamt kamen mehr als 11 000 Vorschläge und fast zwei Millionen Besuche auf der Seite, mit einer durchschnittlichen Verweildauer von über fünf Minuten. Und jeder Vorschlag wurde beantwortet. Das dauerte für das Team fast neun Monate.

Ein Dialog besteht nicht aus Reden zu den Menschen, ein Dialog ist ein Gespräch mit den Menschen. Das hat gewirkt. Weil es gewirkt hat, beginnen viele von dieser guten Erfahrung zu profitieren. Man könnte fast sagen, dass mehr noch als die konkreten Handlungsvorschläge das Format etwas verändert hat. Wenn ich sehe, wie viele Dialoge seitdem installiert wurden und werden, wie man viele Fragen und politische Themen inzwischen interdisziplinär debattiert, wie man sich nicht mehr auf eine Sichtweise verlassen will, sondern möglichst viele auf dem Weg einbinden möchte, gerade auch im Hinblick auf Großprojekte, dann kann das alles auch an diesem erfolgreichen Format liegen.
Dass es eine vergleichsweise geringe öffentliche Wahrnehmung des Zukunftsdialogs gab, dass vor allem regionale und weniger die überregionalen Medien darüber berichtet haben, scheint dem Format nicht geschadet zu haben. Die, die es überzeugt hat, wenden es nun an. Die, die daran glauben, sind in der Lage, diese Begeisterung weiterzugeben. Und die, die dabei waren, berichten gerne von ihren Erfahrungen.

Das Format des Zukunftsdialogs setzt einen neuen Maßstab.

Und doch hat sich mehr als nur eine Kultur des Zuhörens etabliert. Das allein ist zwar schon eine große Leistung. Doch unter den vielen kleinen Lösungen, die in den Monaten des Dialogs entwickelt wurden, haben einige offenbar enormes Potenzial. Mehr als 20 dieser Lösungen sind im November 2013 in den Koalitionsvertrag der Großen Koalition eingeflossen. Und in vielen Textpassagen des Koalitionsvertrags werden Sie Ähnlichkeiten zum Abschlussbericht des Zukunftsdialogs finden. Es wird also tatsächlich umgesetzt. Auch das ist ein Beweis dafür, dass nicht nur schöngeredet wurde.

Und wie geht es weiter?

Es sind in der Regierungsstrategie »Gut leben« Ideen aus dem Bürgerdialog über das Verständnis von Lebensqualität aufgegriffen worden. Beispielsweise die, dass ein Indikatoren- und Berichtssystem zur Lebensqualität in Deutschland entwickelt werden soll. Dann ist das digitale Lernen ein wichtiger Punkt im Koalitionsvertrag, ebenso die Bürgerbeteiligung bei der Umsetzung der einzelnen Projekte der Energiewende. Oder die Neuordnung des Rechts der Opferentschädigung, zu dem unter anderem ein schneller Zugang zu Sofortmaßnahmen wie Trauma-Ambulanzen für Opfer von Gewalttaten zählt. Das war einer der wichtigen Vorschläge der Arbeitsgruppe »Kriminalität und Sicherheit« beim Zukunftsdialog. Ich halte auch die Gründung der Kommission zum Thema »Sorge und Mitverantwortung in der Kommune – Aufbau und Sicherung zukunftsfähiger Gemeinschaften«, die im Koalitionsvertrag verankert ist, für einen vielversprechenden Vorschlag, der auf die Arbeitsgruppe »Zusammenleben der Generationen« zurückzuführen ist.

Ich kann noch viele weitere Beispiele anführen: sei es die Schaffung eines Labels für nachhaltige Produkte und Dienstleistungen, das Open-Data-Portal für Bund, Länder und Kommunen oder auch die Anpassung des Strafrechts an das digitale Zeitalter, unter anderem durch Schließung von Schutzlücken sowie die Systematisierung der bisher verstreut geregelten datenbezogenen Strafvorschriften. Generell sind Vorschläge aus dem

Zukunftsdialog zu Stärkung und Ausbau der Bürgerbeteiligung wichtige Punkte im Koalitionsvertrag. Beispielsweise sollen digitale Beteiligungsplattformen auch bei umweltpolitisch relevanten Entscheidungsprozessen, Verkehrsinfrastrukturprojekten und Forschungsagenden entwickelt werden.
Gerade dieser Punkt macht deutlich: Mehr als die einzelnen Vorschläge ist vor allem auch das Format des Zukunftsdialogs beispielgebend. Denn er ist ein Prototyp moderner Bürgerbeteiligung.

Der Change hat erst angefangen

Und wir sind ja noch mitten im Prozess. Das sollte man nicht vergessen. Es mag allgemein immer eine gewisse Ungeduld herrschen. Aber wie viele sinnvolle Dinge wären nicht erfolgreich produziert worden, hätte man sich von der Ungeduld leiten lassen. Manche Dinge brauchen Zeit. Und ich sehe den Zukunftsdialog auch als Auftakt zu einem umfangreichen, in Unternehmen würde man sagen: Change-Prozess.
Wir sprechen hier von einem Zeitraum von zehn Jahren. Es ging darum, die Wege für das Deutschland bis 2022 zu bahnen. Und schon jetzt sind die ersten Vorschläge in das politische Handeln übergegangen. Der dicke Band mit den mehr als 213 Lösungen, der der Kanzlerin im August 2012 überreicht wurde, steht im Netz. Jeder kann ihn als Regierungsdokument herunterladen. In der Kurzfassung oder der Langfassung. Es war nicht »l'art pour l'art«. Der Dialog hat Handfestes geliefert. Vermutlich werden viele Vorschläge erst in einigen Jahren greifen, vermutlich wird man erst in einigen Jahren sehen, was der Zukunftsdialog wirklich alles auf den Weg gebracht hat.

Auf jeden Fall hat der Dialog die Kultur der politischen Strategiebildung modernisiert. Weil von Beginn an die Probleme und Herausforderungen des Landes aus vielen Blickwinkeln beleuchtet wurden und Details nicht außen vor blieben. Wenn die Herausforderung einer älter werdenden Gesellschaft nur von Altersexperten diskutiert worden wäre, hätte der Blick auf die Familie gefehlt. Und alle Themen betreffen immer auch Fragen der Arbeitsmarktpolitik und der Bildung und so weiter. Dass man Probleme nicht mehr separiert, dass nicht die eine Sache immer getrennt von der anderen betrachtet wird, auch das ist ein Verdienst des Zukunftsdialogs.

Der Dialog hat die Kultur der politischen Strategiebildung modernisiert.

Und nicht zuletzt freut es mich, dass wir auch den Blick auf unsere starken Familienunternehmen gerichtet haben. Die kleinen und die großen. Die Selbständigen, die Ladenbesitzer, die Handwerker, die Ingenieurbüros, die Kanzleien, die unzähligen Spezialbetriebe für moderne Technik und Dienstleistungen.

Wie geht direkte Demokratie?

Der Dialog hat auch Elemente der direkten Demokratie in die Exekutive eingeführt. Der Bürger konnte sich direkt beteiligen. Er hat seine Vorschläge gemacht, und jeder einzelne der 11 000 Vorschläge wurde von den Mitarbeitern des Bundespresseamts gelesen, geprüft und online gestellt und einzeln beantwortet. Vieles davon ist weitergetragen worden. Dass nicht alles rundlief, dass sich manche Bürger nicht genügend gewürdigt fühlen, dass sich auch Experten häufig zu schnell in die Rolle des Problemlösers gedrängt sahen, das gab es und gibt es. Man kann aber eine gute Sache nicht verdammen, wenn sie für eine große Mehrheit gute Ergebnisse gebracht hat. Denn es wurde etwas riskiert. Und es ist besser ausgegangen, als alle vorher gedacht haben.

Viele neue kleine Lösungen

Ein erster Schritt ist getan. Wir brauchen viele kleine Schritte. Wir brauchen keinen großen Wurf. Der Zukunftsdialog der Bundeskanzlerin war weniger ein großer Wurf, er war eine Aneinanderreihung von vielen kleinen Lösungen, die eines hervorgebracht hat: neue kleine Lösungen für ein großes komplexes System.

Wir mussten aushalten lernen, dass wir viele Dinge in dem Zukunftsdialog nicht anpacken konnten. Zum Beispiel dringend notwendige Änderungen im Bildungssystem. Aber da war und ist die Zuständigkeit der Länder. Und die ändert man nicht einfach schnell von heute auf morgen. Und ob es dann automatisch besser würde? Und wir mussten lernen, uns auf das zu beschränken, was vielleicht änderbar ist, ohne dafür neues Geld in die Hand zu nehmen, sondern mit intelligenten Lösungen, mit kleinen Lösungen, die über einen großen Hebel verfügen.

Komplexität zu meistern kommt auch in politischen Systemen an seine Grenzen. Gerade deshalb hat der Zukunftsdialog in der Art und Weise, wie er gemacht wurde, einen neuen Benchmark, einen neuen Maßstab gesetzt, hinter den niemand mehr zurückkann.

Die Merksätze für das agile Management komplexer Systeme gelten auch hier

Ich habe mir im Nachhinein unsere Merksätze für das Management komplexer Systeme angesehen und festgestellt: Sie waren auch im Zukunftsdialog ein guter Wegweiser.

1. **Sich der Lage immer wieder bewusst werden, egal wie grausam sie ist: Das ist die notwendige Voraussetzung für den Erfolg.**
   Tatsächlich war es zu Beginn der Überlegungen enorm wichtig, sich bewusst zu machen, welche Risiken wir eingehen. Dass zum Beispiel die parlamentarischen Gremien nicht unbedingt erfreut sein werden. Dass niemand wusste, ob und wie der Bürgerdialog wirklich funktionieren kann. Und es war nicht so einfach, die IT-Sicherheitsvorschriften des Bundeskanzleramts einzuhalten. Aber wir mussten alle Daten »hinter« die IT-Sicherheitsmauern des Bundeskanzleramts bringen. Und es war klar, dass wir mit dem Thema Bildung ein ziemlich dickes Problem haben werden. Auch mit der Zustimmung der Verbände durften wir nicht unbedingt rechnen.
2. **Vision, Mission und Ziele gemeinsam erarbeiten.**
   Die gemeinsame Vision zu erarbeiten und die Ziele zu fixieren hat sehr viel Zeit in Anspruch genommen. Am Schluss standen die drei Fragen: Wie wollen wir zusammenleben? Wovon wollen wir leben? Wie wollen wir lernen?
3. **Ein Netzwerk von Menschen aufbauen, die verschiedene Akteure, Sichtweisen und Interessen überbrücken.**
   Das Netzwerk von Menschen waren zunächst die 130 Experten, die aus sehr verschiedenen Richtungen kamen. Inge-

nieure, Unternehmer, Sozialwissenschaftler, Juristen, Führungskräfte aus Behörden, Pädagogen, Volkswirte, Naturwissenschaftler usw. Ganz zu schweigen von dem Netzwerk der Bürger mit ihren 11 000 Vorschlägen und den Bürgern, die an den zahlreichen Town-Hall-Meetings teilnahmen. Dazu gehörte aber auch das bestehende Netzwerk zwischen Bundeskanzleramt und Bundespresseamt.

4. **Allen Ballast über Bord werfen.**
   Sehr früh mussten wir einige Wunschvorstellungen opfern. Wir entschieden uns, auf ausführliche wissenschaftliche Exposés zu verzichten. Wir wollten das nicht. Und wir mussten mit erheblichen finanziellen Restriktionen leben. Schon weil politisch mehr nicht durchsetzbar war.
5. **Die notwendige Qualität liefern.**
   Was ist notwendige Qualität? Auch das hat uns lange beschäftigt. Bis die Kriterien klar waren: umsetzbar in zehn Jahren, und zwar auf der Bundesebene. Und kostenneutral; also ohne zusätzliches Haushaltsbudget. Oder die erforderlichen Investitionen amortisieren sich nachweislich. Es sollte unkonventionell sein und pragmatisch. Es sollte vorausgedacht werden. Und es sollte auf einer halben Seite beschrieben sein.
6. **Strenges und konsequentes Projekt- und Prozessmanagement: Kernteams aufbauen, die wissen, wovon sie reden, und sich hundertprozentig auf den Erfolg konzentrieren.**
   Es ist ein besonderes Verdienst der Mitarbeiterinnen und Mitarbeiter im Bundeskanzleramt und im Bundespresseamt gewesen, unter den zum Teil extrem widrigen Umständen und Zeitbedingungen ein Hochleistungsteam aufzubauen, das in Spitzenzeiten aus 18 Personen bestand. Unter anderem, weil die Resonanz auf den Online-Dialog alle Erwar-

tungen übertraf und das Rund-um-die-Uhr-Team kurz mal in 48 Stunden von drei auf neun Personen aufgestockt werden musste.

7. **Vertrauen und Zuversicht (immer wieder) aufbauen.**
Natürlich hat es immer wieder Vertrauenskrisen gegeben. Weil der eine oder andere Experte mit aller Macht das Thema Schule in den Mittelpunkt stellen wollte, obwohl wir klar vereinbart hatten, dass wir über Lernprozesse sprechen und über *alle* Lernorte. Nicht nur über Schulen. Immer wieder musste geredet werden. Immer wieder gab es Sondermeetings.

8. **Arbeiten, arbeiten und noch mal arbeiten: Ohne Fleiß und ohne Teams von »Helden« gibt es keinen Erfolg in komplexen Prozessen!**
Auch bei diesem Projekt gab es sie, die Helden. Menschen, die unter widrigen Bedingungen das Projekt weiterziehen. Im Falle des Zukunftsdialogs waren es vor allem Heldinnen. Menschen, die auch gar nicht genannt werden wollen und sollten, weil es ihr Selbstverständnis ist, in der zweiten Reihe zu ackern. Ohne diese Heldinnen (und Helden) im Hintergrund wäre dieses Projekt nicht gelungen.

9. **Feiern nach Erfolgen ist ein absolutes Muss, damit man die Lust behält, sich immer wieder darauf einzulassen.**
Auch bei diesem Projekt gab es große Feste. Eines kurz vor dem Schluss, als das Buch von Angela Merkel über den Zukunftsdialog vorgestellt wurde. Ein zweites ganz am Schluss, als wir drei Koordinatoren der Bundeskanzlerin den Abschlussbericht übergaben und alle 130 Experten zum ersten Mal zusammentrafen. Das Projekt war dann zu Ende, die Teams lösten sich auf, aber die Begeisterung für das Erlebte

ist geblieben, und die Bereitschaft zu neuen Taten dieser Art ist bei den meisten (wieder) da. Auch deshalb ist das Feiern so wichtig. Um Luft zu holen für das Neue.

15. »ICH HABE IHNEN NICHTS MEHR ZU SAGEN!«

Warum eine Abreise zum richtigen Zeitpunkt eine gute Beratung sein kann

Sie hatten gemeinsam studiert. Sie kannten sich seit Jahren. Zwei Ingenieure, zwei junge Männer, die etwas werden wollten. Schon im Studium schmiedeten sie Pläne für ein gemeinsames Unternehmen. Ein Dienstleistungsunternehmen sollte es werden, unabhängig, gut und maximal erfolgreich. So hatten sie sich das ausgemalt. Sie hatten ein gemeinsames Ziel, eine Vision. Sie wollten nicht als Diener in einem Konzern arbeiten, sondern als Macher im eigenen Betrieb. Ihr eigener Chef sein. Arbeiten ohne Schnörkel. Immer die wirklichen Kundenbedürfnisse im Blick. Doch so klar sie wussten, wohin es gehen sollte, so wenig waren sie sich ihrer tiefen Charakterunterschiede bewusst. Und das sollte sich als Problem erweisen. Als ein fast zerstörerisches Problem.

Der eine impulsiv, der andere eher teamorientiert, aber beide Strategen

Ich nenne sie A und B. Das ist keine Klassifizierung, keine Wertung, das dient lediglich der Unterscheidung. Beide sind absolute Topleute, Topingenieure, fachlich kompetent, außergewöhnlich begabt. Der Unterschied liegt im Charakter.
A ist der eher emotionale Typ, impulsiv, der schnell die Lösung sucht, der die Sache auf den Punkt bringt, dessen Lösungen eher mal zu groß als zu klein sind. Der auch väterlich autoritär sein kann, der mal aufbrausend ist, wenn es nicht so läuft, wie er will. Ein Macher, der gerne zeigt, dass er ein Macher ist. Und es genießt, wenn die anderen ihn als Macher sehen.
B dagegen braucht lange, bis er mal aus der Haut fährt. Er ist eher teamorientiert, er überlegt, einer, der mal viele Schritte weiter denkt, der eher zuhört als das große Wort führt, der zurückhaltend ist, der Menschen und Situationen beobachtet und dann entscheidet. Er weiß, dass es bei Entscheidungen nicht auf Schnelligkeit ankommt, sondern darauf, wie durchdacht sie sind.
A entscheidet eher aus dem Bauch heraus und dann auch schnell und gerne mal allein – und manchmal zu schnell. B entscheidet eher kopforientiert. Meist wird vorher im Team diskutiert und dauert etwas länger. Manchmal zu lang.
Man kann sagen, sie ergänzen sich eigentlich ideal.

Sie gehören zu den Besten

Anfang der 1990er Jahre starteten sie dann mit einigen Kollegen ihren Traum. Es ging los.
Das Ziel fest im Blick, bauten sie ein Dienstleistungsunternehmen auf. Es gab erste Kunden, die Aufträge waren da. Sie mach-

ten richtig, was man nur richtig machen kann. Schon Mitte der 1990er Jahre waren sie ein extrem schnell wachsendes Unternehmen. Und es war ein äußerst stabiles Unternehmen. Sie verzichteten auf Fördergelder, auf Kredite und Subventionen, sie setzten auf ihr Können, auf ihre Überzeugung, ihren Pragmatismus und auf ihren gesunden Menschenverstand. Ein Start-up wie aus dem Bilderbuch. Sie machten sich mutig und unerschrocken ans Werk. Für ihre Kunden waren sie Spitzenkräfte, sie gehören zu den Besten, die man kriegen kann. Das sprach sich herum. Schneller als gedacht waren sie maximal erfolgreich.

Erst einmal durchstarten – ohne Fördermittel

Doch der Erfolg überdeckte ein Problem, ein Kommunikationsproblem. Im Aufbruch, im stürmischen Überschwang der ersten Jahre sahen sie nur nach vorne, sahen, wie gut es lief. Dass beide nicht wirklich miteinander sprechen konnten, nahm keiner richtig wahr. Es ist wie so oft: Viele ahnten es, aber keiner tut was dagegen. Nach zehn Jahren war es ein richtiges Problem, ein Problem, dass das Unternehmen belastete. Nach 15 Jahren eskalierte es.

Erfolg trübt den Blick

Der Erfolg trübt den Blick. Das habe ich öfter erlebt. Vieles fällt dann unter den Tisch. Über vieles wird nicht gesprochen. Man hat ja Erfolg. Man denkt: Klar, es gibt Differenzen zwischen den Akteuren. Aber, ehrlich gesagt, wo gibt es die nicht, und außerdem: Wir haben doch Erfolg! So viel können wir doch nicht

falsch machen. Das renkt sich schon wieder ein. Der Erfolg schweißt zusammen, irgendwie. Es kann nicht alles verkehrt sein, wenn das Unternehmen prächtig läuft. Und es läuft ja prächtig. Rund 2000 Mitarbeiter sind inzwischen für das Unternehmen tätig – und zwar weltweit. Aus ihrer einstigen Vision ist eine beeindruckende Wirklichkeit geworden.
Doch sosehr ihnen die Kunden vertrauten, so sehr verloren sie das Vertrauen in sich und den anderen. Und vor allem verloren sie immer öfter den gegenseitigen Respekt. Gerade A und B wurden zu Protagonisten eines jahrelangen Streits. Sie gifteten sich immer häufiger an. Sie konnten sich nicht mehr leiden. Sie sahen zunehmend nur noch den Fehler beim anderen. Sie fühlten sich vom anderen verraten. Es war wie bei einem Ehepaar, das sich verrannt hat. Von Harmonie keine Spur, selbst bei einfachen Entscheidungen drohte Streit, keiner wollte dann auch nur einen Millimeter nachgeben. Nun drohten auch Konsequenzen für das Unternehmen.

Alle sehen es – keiner tut etwas dagegen.

Denn: Welches Unternehmen, und mag es noch so erfolgreich sein, kann den heftigen und andauernden Streit zweier Führungskräfte kompensieren? Die Risse waren unübersehbar. Und das war längst nicht alles.

Warum mache ich das hier eigentlich?

Die jungen Männer von einst, die Studienkollegen, waren in der Lebensmitte angekommen. Bisher war das Leben ein Triumphzug. Alles klappte. Alles lief wie am Schnürchen. Sie hatten viele

Jahre ihre Vision gelebt, nun, nachdem sie alles erreicht hatten, standen sie vor profanen Fragen wie viele Männer in der Lebensmitte.
War's das jetzt? Kommt da noch was? Ist das schon alles gewesen? Keine Seltenheit, die Krise in der Lebensmitte. Und das sind ja noch die harmlosen Fragen. An die Substanz gehen Fragen wie: Warum mache ich das hier eigentlich? Wem muss ich hier etwas beweisen? War das wirklich meine Idee, oder ging es hier nur darum, meinem Vater, meinem Großvater, meiner ganzen Familie irgendetwas zu beweisen? Ich habe eine Menge erreicht, aber was nagt da an mir, was ist es, das mich nicht froh macht? Was will ich eigentlich wirklich? Wer bin ich eigentlich? Ist man in dieser Spirale gefangen, scheint es egal, ob man erfolgreich ist oder nicht.

Wer bin ich eigentlich? Was ist mein Existenzgrund? Was ist mein Sinngrund?

Wenn man als Unternehmensberater zu solch einem Zeitpunkt in ein Unternehmen gerufen wird, steckt man schnell in der Rolle des Lebensberaters. Da ist oft extrem viel Einfühlungsvermögen und Empathie gefragt. Wenn schon in halbwegs intakten Unternehmensstrukturen Blaupausen nicht wirken, dann erst recht nicht in einem Betrieb, in dem sich die Chefs gegenseitig in die Quere kommen. Da heißt es wieder: beobachten. Das System verstehen. Die kleine Lösung suchen. Aber es tat sich hier nirgends eine kleine Lösung auf.
Wir sollten als Berater helfen, die Komplexität und Dynamik eines rasant wachsenden Unternehmens zu meistern. Also helfen, die Dynaxity zu meistern. Aber schnell wurde klar, dass das

eigentliche Chaos in der Beziehung zwischen A und B liegt. Sie ist das hochkomplexe und hochdynamische Problem. Das eigentliche Problem.

Die richtigen Fragen stören

Zwei Jahre waren wir im Unternehmen. Es war eine sehr intensive Zeit. In diesen zwei Jahren besprachen wir nahezu alles. Vor allem mit A und B.

Mit jedem einzeln, mit beiden gemeinsam, wir loteten die Gemeinsamkeiten aus. Ich sprach mit ihnen über ihre Herkunft, über ihr Leben. Ich fragte sie, ob sie das, was sie erreicht haben, für sich selbst erreicht hatten oder für andere. Ich stellte Fragen, die sie sich höchstens selbst stellten, aber nie im Gespräch mit anderen. Es ging um Offenheit. Oder, um es anders auszudrücken, darum, das System der Disharmonie ein wenig zu stören. Und mit den richtigen Fragen kann man stören.

Das ist ja kein seltenes Phänomen. Sie stehen vor sehr erfolgreichen Leuten, die 80 Stunden pro Woche arbeiten, die kompetent sind, Experten auf ihrem Gebiet, die aber bei sich selbst irgendwie den Faden verloren haben, die nicht mehr klarsehen. Die immer noch klare Entscheidungen für das Unternehmen treffen können, aber verlernt haben, sich selbst in der Tiefe wahrzunehmen – und den anderen dafür verantwortlich machen. Dabei ahnen sie nicht einmal, welche Konflikte sie in Wahrheit mit sich herumschleppen.

Die Vergangenheit holt uns ein

Eines Tages saßen wir wieder zusammen. Wir sprachen über die Großeltern und darüber, was sie in ihrem Leben gemacht haben. Und plötzlich waren wir mitten in der deutschen Geschichte. Zwischen den jeweiligen Großeltern gab es zu Zeiten des Dritten Reichs große Konflikte, und merkwürdigerweise erzählten A und B mehr oder weniger dieselben Geschichten. Bei beiden war ein Großelternpaar eindeutig für das NS-Regime und das andere entschieden dagegen. Die daraus resultierenden Meinungsverschiedenheiten hielten an und wurden oft genug, wenn auch meist anhand anderer Themen, ausgefochten. Die Großeltern stritten sich bei Familienfesten, bei Treffen, auch noch in den 1970er Jahren, als die beiden Ingenieure kleine Jungs waren.

Das mag Zufall sein, dass beide dieselben Konflikte mit sich herumtrugen. Vielleicht haben sie sich aber gerade deshalb gefunden. Als sie Kinder waren, hatten A und B immer das Gefühl, dass etwas nicht stimmte, dass sie sich nie ganz sicher fühlen konnten, dass es etwas gab, das die Großeltern entzweite. Es war etwas nicht Greifbares, worüber mehr geschwiegen als offen gestritten wurde, etwas, das im Dunkeln lag, aber alle zutiefst beschäftigte. Man hoffte, wenn man darüber schweigt, würde es irgendwann verschwinden. Es ist aber nicht verschwunden, es war immer da, und es ist immer noch da.

Die eigene Geschichte zu verstehen schafft Verständnis.

Ich spreche von Kriegskindern und von Kriegsenkeln und davon, dass es nicht selten ist, dass man auf Konflikte und Probleme bei Menschen stößt, deren Ursachen tief in der Vergangenheit liegen.

A und B, beide Mitte 40, sind in ein schweigendes Land geboren worden, in dem nicht offen gesprochen wurde und in dem man viel Kraft und Energie aufbot, wieder aufzubauen, wieder akzeptiert zu werden. In der Gesellschaft. Und in der Familie. Dieses jahrzehntelange Schweigen führte letztlich zum Konflikt zwischen A und B. Und dann hockt man da – ich bin ja selbst ein Kriegskind, selbst in Ruinen auf die Welt gekommen – als Berater mit zwei jüngeren Männern, die etwas ausfechten, ja unter etwas leiden, das zeitlich weit zurückreicht. Ich hatte das Gefühl, wir sitzen auf Trümmern, und die Versuche, diese Trümmer zwischen A und B wieder wohnlich zu machen, schienen zum Scheitern verurteilt. Eines Tages fiel mir ein Text auf:

»*Und der HERR ging vor seinem Angesicht vorüber und rief: HERR, HERR, GOTT, barmherzig und gnädig und geduldig und von großer Gnade und Treue! der da bewahrt Gnade in tausend Glieder und vergibt Missetat, Übertretung und Sünde, und vor welchem niemand unschuldig ist; der die Missetat der Väter heimsucht auf Kinder und Kindeskinder bis ins dritte und vierte Glied. Und Mose neigte sich eilend zu der Erde und betete.*« (2. Mose 34, 6-8)

Die Sünden der Väter. Nicht nur die Sünden, auch die erlittenen Qualen. Darüber sprachen wir. Es war ein wichtiges Gespräch. Es wurde zumindest etwas klar. Wir alle sahen klarer. Gelöst wurde der Konflikt nicht. Das Kommunikationsproblem blieb. Aber die Ursachen wurden klarer. Eine gemeinsame Wahrnehmung begann.

Wir standen vor einer typischen Situation. Der eine ist der Wahrheit näher als der Liebe, der andere der Liebe näher als der Wahrheit.

A ist im Zweifel sehr direkt, also wahrheitsliebend, und dabei kommt die Liebe und Wertschätzung oft zu kurz. B war empathischer, zugänglicher, verständnisvoller, also eher liebevoller, aber oft nicht in der Lage, offen zu sagen, was ihm nicht passt. Die Wahrheit kommt dann zu spät auf den Tisch.

Bei zunehmender Dynaxity kommt es auf die Balance von Liebe und Wahrheit an.

Dieses Ungleichgewicht mussten wir ausloten. Die Balance zwischen Liebe und Wahrheit wollten wir herstellen. Sonst können Sie die Komplexität einer chaotischen Kommunikation nicht meistern. Doch eine Lösung schien in weite Ferne gerückt. Sie blieben beharrlich, jeder hatte recht, jeder machte dem anderen Vorwürfe. Jeder sah in dem anderen den eigentlichen Fehler.

Die Trümmer wurden nicht wohnlich

Dann, nach Monaten des Zwists, trafen wir uns erneut. A, B und ich hatten uns in einem Hotel in einer großen Stadt einquartiert. In aller Ruhe und auch abgeschieden vom Betriebsalltag wollte ich endlich eine Brücke zwischen den beiden bauen. Die Brückenelemente waren gut vorbereitet.
Wir checkten ein, trafen uns in einem Besprechungszimmer des Hotels. Wir bauten an der Brücke, wägten ab, was für das Unternehmen besser wäre – eine Trennung der beiden oder ein neuer gemeinsamer Aufbruch. Der Grund für einen gemeinsamen Weg, der zukünftige Existenzgrund war formuliert. Diesem Mission Statement stimmten beide zu. Doch die Brücke hielt

nur wenige Stunden. Nach dem Mittagessen brach sie wieder zusammen. Es gab wieder Ruinen. Die Trümmer wurden nicht wohnlich gemacht, sie warfen mit den Trümmern.

Was ist der Existenzgrund des Unternehmens?

Sie machten sich Vorwürfe, stritten und schlugen verbal aufeinander ein. »Du immer mit deiner Art!« – »Ach, du hast doch keine Ahnung.« Es war ein totaler Rückfall. Keiner zeigte Verständnis für das Verhalten des anderen. Keiner der beiden wollte auf den anderen zugehen. Wenn es so weiterging, müsste ich irgendwann eine Trennung vorschlagen.
In einem anderen Fall hatte ich zwei verfeindeten Chefs eine Trennung empfohlen. Auch da gab es unüberbrückbare Differenzen. Auch da waren es charakterliche Unterschiede, die permanent für Stress sorgten. Der eine war eher der mitfühlende Typ, der sein Geld gerne auch für soziale Projekte ausgab. Der andere eher ein Macher, der mit Leib und Seele Manager sein wollte – und das offen zeigte. Damals war es besser, dass beide auseinandergingen. Ich dachte schon: Bei meinen beiden Ingenieuren wird das ähnlich laufen. Vielleicht ist das die einzige Option.

Nur eine Nachricht, mehr nicht

Nach einiger Zeit hatte ich den Eindruck: Es reicht jetzt! Ich machte eine Pause und schickte beide für eine halbe Stunde raus zum Spazierengehen. Getrennt. Dann packte ich meine Sachen und schrieb auf einen Zettel: »Ich habe Ihnen nichts

mehr zu sagen.« Mehr nicht. Kein erklärendes Wort, keinen Ratschlag, keine neue Terminvereinbarung. Einfach nur: »Ich habe Ihnen nichts mehr zu sagen.«
Dann reiste ich ab, ohne mich von den beiden zu verabschieden. Gut, ein Kunde weniger. Aber weder eine kleine noch eine große Lösung schien möglich. Sechs Stunden später kam eine Mail. A schrieb mir. »Das war die beste Intervention, die ich je bei einem Berater erlebt habe.« Mehr nicht.
Offenbar hatte meine Abreise etwas ausgelöst. Offenbar schienen sie danach aufeinander zugegangen zu sein. Ich erfuhr es nicht unmittelbar. Für mich war die Arbeit getan, sie meldeten sich auch nicht mehr. Für lange Zeit sah ich weder A noch B. Sie schienen sich irgendwie zusammengerauft zu haben. Es war wieder eine kleine Lösung. Wieder eine, die ich so nie vorhatte. »Ich habe Ihnen nichts mehr zu sagen.«

»Klaus, wie geht es dir?«

Ein Jahr später traf ich A auf der Straße. Er kam auf mich zu, rief: »Klaus, wie geht es dir?« Er duzte mich, obwohl wir uns bis dahin nie geduzt hatten. Er umarmte mich. Der Anfang einer Freundschaft. Irgendetwas war wohl richtig gelaufen. Heute arbeiten A und B immer noch zusammen. Das Unternehmen ist unverändert erfolgreich. Sie haben ihre Differenzen – zum Teil erhebliche – immer noch.
Wir begleiteten dann einen Change-Prozess, der in eine deutliche Erweiterung der Kernunternehmen führte. Die größere Gruppe hat nun eine bessere Chance, die Charakterunterschiede von A und B auszuhalten. Und damit auch A und B selbst. Und beide wollen trotz ihrer charakterlichen Unterschiede das Un-

ternehmen weiter nach vorne bringen. Eben existenzgrundorientiert. Und stellen das Wohl des Unternehmens über ihre eigenen Bedürfnisse nach Harmonie und Wahrheit.

Ich selbst zog aus der Sache zwei Konsequenzen:

Erstens ist mir klar geworden, dass man eine Beratung auch einmal abbrechen muss, um sie erfolgreich zu machen. Die zweite Erkenntnis ist, dass es in Führungsetagen Konflikte und Probleme gibt, die man zunächst nicht auf dem Schirm hat, und dass es enorm wichtig ist, sich mit der Herkunft der Führungskräfte auseinanderzusetzen. Aber auch mit der Herkunft des Unternehmens. Und dann gilt es, daraus Rollen abzuleiten, mit denen im positiven Sinn das Erbe der »Väter« und »Mütter« weitergeführt werden kann. Das gilt für Menschen und für Unternehmen.

Führung bedeutet aber immer auch, die Arbeit des Verzeihens und Versöhnens zu leisten. Es mag ein christlicher Weg sein, mit diesen scheinbar unüberbrückbaren Differenzen umzugehen. Dem anderen zu verzeihen. Sich zu versöhnen. Das sind keine Floskeln. Das ist das Fundament des Miteinanders. Sonst versinken wir im Dauerkrach. Oder im Chaos. Und man trennt sich.

Führung ist immer auch Verzeihen und Versöhnen.

Was spricht dagegen, sich in einer Konfliktsituation selbst zu fragen: »Könnte ich nicht darauf verzichten, auf meinem Standpunkt zu beharren?« Geht denn wirklich so viel verloren, wenn ich versuche, mein Verhalten zu verändern? Warum muss ich denn den Druck immer weiter erhöhen? Warum glaube ich denn, es hängt so viel davon ab, dass ich niemals »einknicke«?

Als sei es ein Zeichen von Schwäche. Das Gegenteil ist der Fall: Es ist ein Zeichen großer Stärke.
Und es ist eine kleine Lösung im besten Sinne des Wortes.
Schon oft haben wir erlebt, dass gerade das Verzeihen in Unternehmen wieder eine Zukunft eröffnet. Für Menschen und das Unternehmen.

Immer nur den eigenen Standpunkt durchboxen?

Ist es nicht so, dass man durch das Beharren zu viel riskiert? Ist es nicht sinnvoller, gerade in Streitigkeiten wie den beschriebenen, sich an einer gemeinsamen Wahrnehmung der Situation wenigstens zu versuchen? Man macht etwas nur ein kleines bisschen anders als sonst – und schon wird das alte System durch ein neues System ersetzt.

Die Komplexität und Dynamik des anderen aushalten: den anderen so lassen, wie er ist, und damit leben und arbeiten lernen

Darauf zu verzichten, seinen Standpunkt durchzuboxen – gerade das ist eine kleine Lösung. Wir haben gesehen, wie wenig es braucht, um ein System zu ändern. Häufig ändert man das System bereits durch das Beobachten des Systems. Sich auf den Weg machen und gemeinsam beobachten, wie unterschiedlich Situationen und Verhalten wahrgenommen wird. Und dabei kein verändertes Verhalten erwarten. Sondern die Komplexität und Dynamik des Andersseins der anderen aushalten lernen. Den anderen so lassen, wie er ist, und damit leben und arbeiten lernen. Das ist dann die kleine Lösung.

16. »DAS MUSS ICH JETZT MAL IN ORDNUNG BRINGEN«

Mein Freund Albert ist immer geradeaus gegangen. Für ihn gab es keine Probleme. Für ihn gab es Lösungen. Bis zum Schluss

Das Telefon war Alberts Arbeitsgerät. Er saß am Hörer und hielt halb Südeuropa auf Trab. Er handelte mit Obst, Gemüse, sein Betrieb versorgte die großen Lebensmittelketten mit frischen Erdbeeren, Orangen, Pfirsichen. Das war ein Tempo-Job. Kein Job, bei dem man lange überlegt, was strategisch sinnvoll wäre, und man erst mal ein Meeting ansetzt. Wenn beim Großkunden die Erdbeeren zur Neige gingen, bekam Albert einen Anruf: »Wir brauchen bis Montag Erdbeeren!« Albert rief dann irgendwo in Spanien oder Italien an, mehr oder weniger direkt beim Erdbeerbauern, und sagte: »Wir brauchen Erdbeeren, fangt schon mal an zu pflücken, ich besorge jetzt einen Lkw.« Und dann telefonierte Albert.

Wenig später stand ein Lastwagen beim Bauern. Die Erdbeeren wurden verladen und nach Deutschland transportiert. Albert hatte eine Spedition gefunden, die wiederum einen leeren Lastwagen sowie einen Fahrer. Während Albert organisierte, pflückten sie in Spanien die Erdbeeren – und am Montag lagen die Schalen im Regal in deutschen Supermärkten.

Albert sprach Spanisch und Italienisch, er kannte unglaublich viele Menschen, Spediteure, Bauern, Zwischenhändler. Sein Netzwerk reichte von Andalusien bis Bulgarien, von Sizilien bis nach Marokko. Sein ganzes Leben bestand im Grunde aus dem Knüpfen von Kontakten und dem Aufbau eines Netzwerks.

Heute glauben viele, Kundenkontakte ließen sich vor allem über Facebook oder Xing anbahnen. Aber das war nie die Welt von Albert. Und wäre sie auch nicht geworden. Albert brauchte kein soziales Netzwerk, er war ein soziales Netzwerk. Er benötigte keine IT-Lösung, keinen Zuckerberg, keine Verknüpfungen und Verlinkungen. Albert kannte seine Pappenheimer, er wusste immer, wen er wann anrufen musste und wer ihm weiterhelfen konnte. Und zwar überall. Ich kann mich nicht erinnern, mit Albert in einem Restaurant gewesen zu sein, in dem er nicht den Wirt kannte und mit Namen begrüßt wurde. Und wenn doch, dann dauerte es keine zehn Minuten und er kannte den Wirt. Und der Wirt ihn. Er lernte Winzer in den Abruzzen oder Obstbauern in Alicante kennen, er war offen, ging auf die Menschen zu, suchte den direkten Weg und verkroch sich nicht hinterm Computer. Er hatte ja sein Telefon.

»Da war doch was in Bulgarien«

Einmal sah es düster aus. Die Wareneingangskontrolle hatte Schadstoffe in einer Erdbeerlieferung aus Spanien entdeckt. Und es war nicht nur eine Lieferung, es waren etliche Lkws – das

Liefervolumen einer ganzen Woche. An eine Auslieferung war nicht zu denken. Vielmehr mussten die Kunden informiert werden, dass es keine Erdbeeren gab. Und aus Italien waren keine zu bekommen. Ein erheblicher Teil des Umsatzes hing in diesen Wochen an den Erdbeeren. Kleine Firmen halten so etwas nicht lange durch. Da reichen schon ein paar Tage. Eine blöde Sache. Aber Albert hielt durch. Er hatte sein Telefon und seinen Instinkt. »Uns fällt schon noch was ein«, beruhigte Albert seine Kollegen.

Spanien ging nicht, da kam das verseuchte Obst her. Woher sonst? Albert setzte sich ans Telefon. Er ging seine Kontakte durch. Er telefonierte und telefonierte. Jetzt kam es drauf an. Und Albert fand schließlich Erdbeeren in Bulgarien. Von dort hatte er seit Jahren keine Erdbeeren bezogen. Aber jetzt begannen sie dort zu pflücken. Albert organisierte die Lkws – und eine Woche später lagen wieder Erdbeeren in den Regalen der Supermärkte. Bulgarische Erdbeeren. Es war unheimlich knapp. Aber Albert hatte es geschafft,

Albert hatte immer eine Idee. Er vertraute vielen Menschen und sie ihm. Sein Geschäft basierte auf Vertrauen und persönlicher Wertschätzung. Wer das Vertrauen missbrauchte, flog raus. Das war die Regel.

Der direkte Weg zur Lösung – immer

Albert ging direkt auf das Problem zu. Nicht, um es zu analysieren. Sondern um es zu lösen. Und er löste auch die Probleme von anderen. Wenn ich beispielsweise vor Schwierigkeiten stand, fünf, sechs Möglichkeiten hatte, das Problem irgendwie zu lösen, rief ich ihn an, erzählte von meiner Sache, nannte ihm die

angedachten Alternativen. Albert fragte nicht nach, diskutierte nicht, sondern sagte: »Nimm die dritte Lösung.« Und dann nahm ich die dritte Lösung.
Mein Freund Albert wusste, welches Tempo man an den Tag legen musste, um frisches Obst zum Kunden zu bringen. Er wusste, wann man mal großzügig sein musste, damit es schneller geht. Und er kannte die Telefonnummer, die ihm weiterhalf, irgendeine Nummer half immer. Er versorgte Deutschland mit Früchten, auch wenn es eng wurde. Albert hat Probleme gelöst.

Noch eine Idee: Blumenkohl für Italien

Sein Kollege hatte eine Lösung für die vielen leeren Lastwagen. Albert bremste so etwas nicht aus, sondern war sofort dabei. Die Lastwagen fuhren immer vollbeladen aus Südeuropa nach Deutschland, wurden hier geleert und kehrten dann wieder ohne Ware zurück. Italiener lieben Blumenkohl aus Deutschland. Blumenkohl wächst aber unter den klimatischen Bedingungen Italiens sehr schlecht. Also entschieden die beiden, die leeren Lastwagen mit Blumenkohl zu füllen. Sie stellten Kontakte her, bauten die Beziehungen zu deutschen Bauern auf und suchten ein Händlernetz in Italien. Und bald darauf fuhren die Lkws mit deutschem Blumenkohl beladen zurück in den Süden. Die Firma von Albert und seinem Partner wurde so nebenbei zum größten Blumenkohlexporteur in Deutschland. Albert war nicht nur ein Einzelkämpfer – er kämpfte genauso gut im Team. Und wenn es sein musste, um die Existenz seiner Firma genauso wie um die Zukunft von Freunden. Er fand immer eine Lösung.

Da gab es keine Lösung im üblichen Sinn.

Bis zu seiner Diagnose: Bauchspeicheldrüsenkrebs. Da gab es keine Lösung im üblichen Sinn. Also suchte er den für ihn besten Weg, genauso direkt und pragmatisch wie immer: »Ich gehe nicht ins Krankenhaus.« Da blieb er fest. Jede Behandlung sollte ambulant ablaufen. Er machte die Chemo, er nahm Medikamente, aber er ließ sich nicht gehen. Ein paar Jahre zuvor war er aus der Firma ausgestiegen, hatte sich am Bodensee eingerichtet, liebte die Obstwiesen. Und drei Monate vor seinem Tod trat er bei der Jahrestagung einer katholischen Erneuerungsbewegung, der wir angehören, ans Mikrofon und sagte: »Ich bin jetzt am Sterben.« Er tat das, weil er sich von allen verabschieden wollte. Also stellte er sich vor die rund 300 Menschen und erzählte: »Das war mein Leben – das ist mein Ziel: ein gnädiger Gott.« Die Lösung im Blick.

Statt Blumen bitte eine Spende für die Leichenhalle

Beim Sterben blieb er der alte Albert. Sobald die Ärzte ihm gesagt hatten, dass er vielleicht noch vier Wochen zu leben hatte, ging er mit seiner Frau zum Bestatter, um sich einen Sarg auszusuchen. Er wollte nicht, dass man sie später über den Tisch zog und ihre Trauer ausnutzte. Einige Tage vor seinem Tod sagte er: »So, jetzt ruf ich noch schnell beim Wirt an und handle einen guten Preis für den Leichenschmaus aus.« Albert sorgte und löste Probleme, auch in diesem Moment noch. Später besuchte er noch die Leichenhalle, in der er aufgebahrt werden sollte. Der Anblick entsetzte ihn. Doch es war weniger die Aussicht auf seinen vorletzten Liegeplatz. Nein, vielmehr fand er die Halle in sehr schlechtem Zustand. Darum bat er auf seiner

Traueranzeige statt um Blumen um eine Spende mit dem Verwendungszweck »Leichenhalle«.

Joggen, um zu beten

Ich habe ihn in dem halben Jahr seiner Krankheit oft besucht. Wir waren gleich alt, wir waren enge Freunde, es war jedes Mal ein Abschiednehmen. Etwas plagte ihn besonders: »Klaus, ich habe ein Problem, ich kann nicht mehr joggen gehen.« Bis dahin war er jeden Tag eine Stunde gelaufen. Das ging dann nicht mehr. Er schien sehr darunter zu leiden. Ich sagte ihm: »Das ist wohl so, es geht halt nicht mehr alles, da muss man sich einschränken bei so einer Krankheit. Sei froh über das, was du noch alles kannst.« Aber das war es nicht. »Nein, nein, das ist es nicht«, sagte Albert. »Wenn ich nicht laufe, kann ich nicht beten.« Ich war verblüfft. Es stellte sich heraus, dass Albert beim Laufen betete. »Ja, ich bete, singe Kirchenlieder vor mich hin, den Rosenkranz, liturgische Texte.« Wenn Albert eine Stunde joggte, war das für ihn Einkehr, Meditation, Gespräch mit Gott. In der einen Stunde am Tag pflegte er, wenn man so will, sein Netzwerk nach oben. Aus dieser Stunde schöpfte er seine Kraft. Und das fehlte ihm nun.

Albert ist dann gestorben. Man sagt oft über Menschen: Er ist gestorben, wie er gelebt hat. Bei Albert traf das zu. Er ging keinen Umweg, suchte nicht nach Auswegen, er ging direkt auf die Lösung zu. Albert hatte sein Telefon, Albert hatte seine Offenheit – und er hatte seinen Glauben an das Diesseits und an das Jenseits. Albert hat mich tief geprägt. Sein Wesen, sein Denken. Ich denke an ihn, wenn irgendwo auf Managementebene neue Strukturen gefordert werden. Wenn gewaltige IT-Architekturen installiert werden sollen, gerade um so etwas wie Logistik in den Griff zu bekommen. Albert hat seine logistischen Probleme immer gelöst. Mit seinem Telefon. Wenn wir am Wochenende ein Fest feierten oder zum Beten zusammensaßen, stand Albert immer wieder auf, telefonierte ein bisschen, organisierte Pfirsiche aus Griechenland oder Äpfel aus Italien, besorgte Lastwagen und Fahrer. Dann setzte er sich wieder hin und feierte oder betete weiter.

Pragmatismus mit Herz – bis zum Schluss

Er war ein einzigartiger Mensch. Er lebte einen Pragmatismus mit Herz, eine Geradlinigkeit, eine Verlässlichkeit, die selten ist. Albert war ein offener Mensch. Einer, der sich als Chef nicht immer absichern wollte, nicht immer in Furcht und auf der Hut war, der Entscheidungen traf, der immer etwas riskierte. Und der, wenn viel auf dem Spiel stand, immer die kleine Lösung suchte, nie lange debattierte, sondern handelte.

Wenn viel auf dem Spiel steht: die kleine Lösung suchen.

Das schätzten seine Geschäftspartner, das schätzte sein Umfeld. Man muss es auch mal so sehen: Es ist schon ein gewisser Luxus, ein Problem über einen sehr langen Zeitraum zu wälzen, ständig verschiedene Lösungswege auszuloten, Optionen abzuwägen. Wer mit dem Rücken zur Wand steht, sprich: wer weiß, dass frisches Obst schnell verdirbt, hat nicht viele Möglichkeiten. Er entscheidet sich schnell. Für die kleine Lösung. Albert war gut darin, Probleme zu lösen. Und der Leichenschmaus hat dann nur 15 Euro pro Person gekostet.

III. WIE ALLES ZUSAMMENHÄNGT

Komplexität meistern ist wie die Ausbildung zum Meister – nichts ersetzt die eigenen Erlebnisse und die gemachten Erfahrungen, aus denen man lernt. Meister wird man durch Erfahrung – nicht durch ein Uni-Studium

Es passierte in einem Chemiewerk. Ein Unfall, eine kleinere Explosion. Ein Unfall in einem Chemiewerk ist eine heikle Sache. Schnell entsteht eine Hysterie, schnell schlägt es große Wellen, weit über den Standort hinaus. Dann lässt sich vieles nicht mehr kontrollieren. Meist ist der Schaden für das Unternehmen enorm, vor allem der Imageschaden. Vor diesem Problem standen schon viele Energie- oder Chemieunternehmen.

In diesem Chemiewerk im Süden Deutschlands hatte man für den Notfall eine kleine Lösung vorbereitet. Eine kleine Lösung mit einer großen Wirkung. Deshalb wusste der diensthabende Techniker was zu tun war, an diesem Abend im Frühling, als sich die Explosion ereignete. Er hielt sich strikt an den Notfallplan.

Der erste Punkt auf diesem Plan, der erste und wichtigste Punkt lautete: Rufen Sie die örtliche Presse an! Die Presse?! Das ist doch der Wahnsinn! Das mag man im ersten Augenblick denken. Wer die Presse einlädt, kann doch gleich einpacken, dann haben wir erst recht einen Imageschaden. Da lässt sich gar nichts mehr kontrollieren.

Der Lieblingssport der Medien: Spekulieren

Aber der Anruf bei den Medien vor Ort war genau der richtige Schritt.
Dass wir uns nicht falsch verstehen. Er rief die Presse vor allen anderen an – auch vor den Rettungs- und Spezialkräften. Eigentlich würde man denken, in so einem Fall möchte man alle anderen lieber dabeihaben als ausgerechnet Journalisten. Doch der Anruf sollte – vor allem anderen – ein Signal an die lokalen Journalisten sein: Wir informieren euch. Ihr wisst Bescheid. Wir sind sehr offen. Und zeigen euch, was passiert ist.
Aber bitte macht es nicht so groß, macht es so klein wie möglich, haltet es auf lokaler Ebene, wir haben hier alle den Schaden, wenn dieser Unfall die ganz großen bundesweiten Schlagzeilen macht.
Jetzt mag man einwerfen, das geht doch nicht, man kann doch einer freien Presse nicht vorschreiben, was sie zu berichten hat. Das ist richtig. Einerseits.
Auf der anderen Seite wäre eine Skandalisierung weder im Sinne des Unternehmens noch im Sinne der Region, noch im Sinne der Arbeitnehmer und der örtlichen Wirtschaft. Deshalb wurden die Journalisten vor Ort ausführlich informiert, ihnen wurde das ganze Ausmaß des Unfalls gezeigt, sie bekamen Einblick – und damit hielt man sie vor allem von einem Lieblingssport der Medien ab: vom Spekulieren.

Sie wussten, was Sache war. Und zu dieser »Sache« gehörte auch die Bitte: Schlagt nicht über die Stränge, wir wissen, hier ist etwas falsch gelaufen, der Unfall ist eine gefährliche Sache, aber bitte denkt weiter!

Und so blieb dieser Unfall, was die mediale Aufbereitung betraf, in einem sehr kleinen Rahmen. Es wurde informiert, und es wurde aufgeklärt. Doch es fuhren keine Übertragungswagen der großen TV-Anstalten vor, es kamen keine Journalisten der überregionalen Medien. Das Ereignis zog nicht die befürchteten Kreise: aufgescheuchte Journalisten, eine aufwendige Krisenkommunikation, ein Unternehmen am nationalen Pranger, TV-Sondersendungen über Sicherheit in deutschen Chemiewerken, in denen Experten, die weder vor Ort waren noch das Unternehmen im Detail kennen, weiter über Unfälle spekulieren.

Kurz: Durch einen Anruf bei den örtlichen Medien hat man vermieden, dass die Medienkarawane Station in dem kleinen Ort machte. Natürlich, es ist Aufgabe der Presse, aufzuklären, zu informieren, auch zu kontrollieren. Und ein Unfall in einem Chemiewerk, darüber muss informiert werden, da muss man als Presse die Augen offen halten.

Zuerst die Presse anrufen, das kann eine kleine Lösung sein.

Aber die Information sollte für die Menschen bestimmt sein, die in unmittelbarer Nähe leben, die dort arbeiten, die direkt von dem Unfall betroffen sind. Das halte ich für eine kleine Lösung. Erst die Presse anrufen, dann im Werk nach dem Rechten schauen, das ist eine kleine Lösung, die Beachtung verdient.

Denn sie ist durchdacht. Man wollte den Schaden begrenzen. Das ist gelungen.

Kleine Lösungen

Wie kommt man auf eine kleine Lösung? Ich habe viele kleine Lösungen beschrieben, viele kurze Wege, aber die entscheidende Frage ist doch: Wie kommt man darauf?

Ich sehe es so: Das eigentliche Problem liegt darin, die kleinen Lösungen überhaupt zu erkennen. Wir werden auf vieles vorbereitet, in der Schule, an Universitäten, in der beruflichen Ausbildung – nur nicht auf kleine Lösungen.

Kleine Lösungen beruhen darauf, dass ich die Komplexität und Dynamik nicht verdränge, sondern zulasse, wahrnehme und verarbeite. Zunächst ohne etwas ändern zu wollen. Es geht darum, es einfach nur verstehen zu wollen.

Dann erst entdeckt man den Raum für kleine Lösungen, mit denen man Komplexität meistern kann. Erst dann kann man die Erfahrung machen, dass es kleine Lösungen mit größter Wirkung gibt. Nicht einfache Lösungen nach dem Motto »Man muss doch nur«, sondern kleine Lösungen, die häufig genau anders gehen als gedacht.

Dynaxity zulassen, wahrnehmen und verstehen schafft Raum für die kleine Lösung mit großer Wirkung.

Wir neigen ja oft zu den großen Lösungen. Wir wollen »Spuren hinterlassen«.

Wir verfolgen »große Pläne«, wollen »Leuchttürme« aufbauen, »Meilensteine« setzen. Natürlich geht es immer auch um »Visionen«, wir wollen »Maßstäbe« setzen, und nicht selten geht es dabei um den »Umbau« einer ganzen Organisation, eines ganzen Konzerns. Schließlich stehen wir meist vor »großen Fragen«. »Große Probleme« und »gewaltige Herausforderungen« gilt es zu meistern. Wir haben uns an diese großen Worte gewöhnt. Kleine Lösungen sind für Situationen mit hoher Komplexität und Dynamik die Antwort. Aber kleine Lösungen fliegen einem nicht einfach zu. Und am Anfang meines Berufslebens habe ich auch nicht gewusst, dass die kleine Lösung oft die richtige Lösung ist. Aber wenn man wie ich einige Jahre, ja Jahrzehnte erlebt hat, wie sich Organisationen an großen Problemen abarbeiten, entwickelt man einen Blick auf das Kleine, das Unscheinbare, die vermeintliche Nebensächlichkeit.

Kleine Lösungen fliegen einem nicht einfach zu, sie sind nicht einfach.

Ein Beispiel: Da will sich ein Unternehmen »neu aufstellen«. Man hat ein aufwendiges Programm aufgesetzt, will sich weltweit neu positionieren, die Digitalisierung mehr in den Vordergrund stellen und sich von einer anderen Sparte trennen. Alles ist formuliert, präsentiert und abgesichert – und am Schluss scheitert das Vorhaben, weil sich zwei Vorstände nicht leiden können. Wenn man das ein paarmal erlebt, fängt man an, den großen Lösungen zu misstrauen.
Weil nichts die eigenen Erlebnisse und die daraus gezogenen Erfahrungen ersetzt und weil man Meister nicht durch ein Uni-Studium, sondern nur durch Erfahrung wird, wäre es unangebracht, an dieser Stelle eine Theorie aufzustellen, wie die vielen Beispiele aus den Geschichten zusammenhängen, sozusa-

gen eine »Theorie der kleinen Lösungen« zu präsentieren. Stattdessen möchte ich im Schlusskapitel *meine* Erfahrungen mit Ihnen als Leser teilen, in der Hoffnung, damit dem einen oder anderen Anregungen zur Reflexion geben zu können und in diesem Sinne diese Erfahrungen zu teilen.
Zunächst geht es mir um die Dynaxity.

1. Was tun, wenn die Dynaxity wächst und wächst?

Die Kombination von Komplexität und Dynamik macht zu schaffen. Dynaxity nennt man das. Wenn sie wächst und wächst, entsteht Chaos. Und dann kann es gefährlich werden. Für die betroffenen Menschen, für das Unternehmen, manchmal für ganze Staaten.
Schon allein die technische Dynaxity kann einem über den Kopf wachsen. Das haben wir an dem Beispiel gesehen, in dem vier automatisch gekoppelte Lkws im fließenden Verkehr ohne jeden äußeren Anlass plötzlich eine Vollbremsung machten. Und das bergauf.
Dieses »Über-den-Kopf-wachsen« gibt es aber auch immer wieder, wenn Politik und Hightech zusammenkommen. Da wurde es im Falle des Starfighters sehr gefährlich. Nicht nur wegen des Risikos der Abstürze, sondern weil das gesamte System der Ost-West-Abschreckung viel zu komplex und empfindlich geworden war. Die technische Dynaxity hatte ein Ausmaß erreicht – vor allem durch den Effekt extrem geringer Vorwarnzeiten –, dass das Risiko eines unbeabsichtigten Weltkrieges viel zu groß geworden war.
Oft ist es sogar nötig, die Komplexität und Dynamik zu erhöhen, um Lösungsansätze zu finden. Gerade im Falle drohender

militärischer Konflikte ist die parallele Bearbeitung vieler Pfade ein guter Ansatz. Vor allem, um zu erreichen, dass Menschen (wieder) miteinander reden. Auch wenn zunächst oft nichts Konkretes dabei herauskommt. Es entstehen aber neue Lösungsräume, in denen man eine bessere Chance hat, eine kleine, aber wirksame (Teil-)Lösung zu finden.
Eine Erhöhung der Dynaxity kann auch dazu beitragen, dass man kreativer wird, wie wir im Beispiel des Landmaschinenherstellers gesehen haben. Einfach mal versuchsweise das Band schneller laufen lassen, experimentieren, improvisieren. Wie wir gesehen haben, geht das aber nur bei einem hervorragenden Betriebsklima und einer Kultur des gegenseitigen Vertrauens, wo der Wert des Menschen vor dem Wert der Organisation und deren Wert wieder vor dem Wert der Technik liegt.

Der Wert des Menschen ist höher als der Wert von Organisationen und der Wert von Technik.

Ich kann das als Ingenieur nicht oft genug sagen. Als junger Ingenieur habe ich einmal erlebt, wie Menschen bei der Deutschen Bahn ein Projekt zum vollautomatischen Verladen von Containern nicht mitgetragen haben. Da wurde mir klar, dass ein komplexes Projekt nicht gelingen kann, wenn es die Menschen mit ihren Überzeugungen, Ideen, Nöten und Ängsten nicht von Anfang an miteinbezieht.
Und dieses Einbeziehen ist mehr als ein korrektes Planfeststellungsverfahren.
Das erleben wir immer wieder an Beispielen wie dem Bahnhof Stuttgart 21 oder dem neuen Berliner Flughafen. Bürger und Mitarbeiter zum Mitgestalter zu machen ist eine Kunst für sich,

und gerade die, die Technik machen, sollten dies meistern – eben Komplexität meistern. Dafür brauche ich ein Prozent Inspiration und 99 Prozent Transpiration. Und bei der Transpiration zeigt sich dann der Meister.

Ein Prozent Inspiration, 99 Prozent Transpiration

Wir haben aber auch gesehen: Wenn ich es nicht ändern kann, dann gilt es, Komplexität und Dynamik auszuhalten. Vor allem, wenn die Komplexität sich an den »Rändern« meines Systems ereignet. Es war richtig, die Schreiner in der Werkstatt schlafen zu lassen, weil die Einbeziehung dieses Nebenschauplatzes alles hätte gefährden können. Oder wenn in meinem Produktionswerk durch eine ungeschickte Bemerkung meines Zentralvorstands die Arbeiter wieder anfangen zu streiten, dann gilt es, diese Situation auszuhalten und dranzubleiben.
Das erzählen die Beispiele mit den vielen kleinen Lösungen – bei den 150 parallelen Veränderungen in jenem Produktionswerk, bei der Umstellung eines Reisebuchungssystems oder bei den 213 »kleinen« Lösungen aus dem Zukunftsdialog der Bundeskanzlerin, die im Koalitionsvertrag der Großen Koalition 2013 mehr bewegt haben als die großen Parteiprogramme.

2. Wie balancieren zwischen Liebe und Wahrheit?

Bei wachsender Dynaxity entwickeln wir aber nicht selten Fluchttendenzen. Wir tendieren zu Nichtangriffspakten, sprechen zunehmend weniger darüber, wie die Dinge wirklich sind, und arrangieren uns in »Kuschelgruppen« mit viel Liebe und wenig Wahrheit.

Wo das hinführt, haben wir in der Geschichte erlebt: »Ich habe Ihnen nichts mehr zu sagen!«. Irgendwann platzt es dann heraus, und wir werden absichtlich oder unabsichtlich brutal: Wahrheit um jeden Preis, koste, was es wolle. Dann herrscht Wahrheit und keine Liebe. Das ist auf Dauer unerträglich.

Kuschelgruppen oder Wahrheit um jeden Preis?

Ich habe von den beiden Ingenieuren berichtet, beide sehr erfolgreich mit ihrem gemeinsamen Unternehmen, beide intelligent und stark, aber ein über Jahre schwelender Konflikt hätte fast alles zum Einsturz gebracht.
Im Grunde haben sie alles richtig gemacht: Die Firma hat technisches Know-how auf Topniveau, ist weltweit ausgerichtet, hat eine optimale Organisationsstruktur, die sowohl Flexibilität als auch Kontinuität gewährleistet – und sie haben zahlreiche namhafte und große Kunden.
Und trotzdem drohte alles zu scheitern.
Ehrlichkeit zum richtigen Zeitpunkt ist da gefragt. Das rechte Maß an Liebe und an Wahrheit. Und wenn Wahrheit, dann mit dem Engagement des Herzens.
So haben wir es in der Geschichte »Keine großen Worte« erlebt. Entgegen allen Vorgaben der Geschäftsleitung den Mitarbeitern zu sagen, dass in einem Jahr die Lichter im Betrieb ausgehen werden, und sich als Werksleiter mit in das Risiko zu stellen, halte ich für beeindruckend – und in gewisser Weise für beispielhaft.
Die stärkste Waffe in diesem Balanceakt ist aber das Vergeben und Verzeihen. Wie wir in dem Beispiel der Betriebsversammlung gesehen haben, bei der der Vorstand vergessen hatte, den

Betriebsrat einzuladen: »Mea culpa – meine Schuld –, ich bitte um Vergebung.« Ohne große Worte.

3. Was sind Merkmale komplexer Systeme?

Es stellt sich in der Praxis immer wieder die Frage, wann die Dinge eigentlich wirklich komplex werden und wann sie nur kompliziert sind.

Ein Merkmal für steigende Komplexität und Dynamik besteht darin, dass die Wechselwirkung einzelner Komponenten, Elemente, Systeme wichtiger und einflussreicher wird als die Merkmale des Details. Im Falle des Absturzes der Ariane 5 war das offensichtlich. Wie auch beim Starfighter oder bei den Lkw-Konvois.

Immer wenn es Technik allein nicht bringt, wird es massiv komplexer.

Und immer weniger reproduzierbar. Jede Situation wird zum Einzelfall. So wie es die Bundeskanzlerin während der Euro-Krise einmal sinngemäß sagte: Jeden Tag kommt ein Problem auf den Tisch, das wir in dieser Art und Komplexität noch nicht hatten. Und dann fragt man herum – und keiner hat eine Lösung oder einen Lösungsweg.

Dann sind es immer wieder die kleinen Lösungen, die heraushelfen.

Aber nicht die schnell erfundenen, sondern die mit dem geringsten Aufwand und der größten Wirkung. Manchmal wird dabei auch alles gelöst. Manchmal ereignet sich die Lösung schon, wenn man die Ursachen sucht – wie bei dem Zettel an den Essenscontainern: »Dieses Essen ging um 12 Uhr vom Band. Es ist 45 Minuten warm.« Und die Lösung war da.

4. Überleben in der Dynaxity: Worauf kommt es eigentlich an? Wofür sind wir da?

Eines ist sicher: Der Grund für die Existenz des Unternehmens, eines Projekts, eines Netzwerks muss klar sein, sonst verläuft man sich bei wachsender Dynaxity. Nur Kernprozesse sind überlebensnotwendig für den Erfolg. Und Kernprozesse sind die Leistungsbeiträge, die zum Ziel beitragen. Alles andere gehört nicht dazu.

Nur Kernprozesse sind überlebensnotwendig für den Erfolg.

Wie bei den Leitstellen, die zu erneuern waren. Die schlafenden Schreiner waren nicht Teil des Auftrags. Auch wenn es reizvoll gewesen wäre, das Problem gleich mitzuerledigen. Aber dafür waren wir nicht da. Es war nicht unser Existenzgrund.

Bei den von mir so genannten Kernprozessen sind drei Aspekte entscheidend: der Aufgabenkernprozess, der individuelle Kernprozess, der soziale Kernprozess.

Jeder dieser Prozesstypen liefert ein Drittel des Erfolgs. Viele beherrschen es gut, die Aufgabenkernprozesse zu optimieren. Man denke nur an die vielen Methoden zur Verbesserung der Qualität. Für die individuellen Kernprozesse und deren Förderung gibt es viele gute Beispiele wie etwa die großen Programme zur Personalentwicklung in vielen Unternehmen.

Aber für die sozialen Kernprozesse wird die Luft schon sehr dünn. Nur wenige beherrschen diese Kunst und holen das letzte Drittel des potenziellen Erfolgs heraus.

Der Aufgabenkernprozess – Liebe zum Detail oder detailverliebt

Natürlich war es beim Starfighter existenznotwendig, dass die Mutter im Nachbrenner 3000 Grad aushielt. Natürlich war es fatal, dass bei der Ariane ein Stellenüberlauf in einem Softwarepaket missachtet wurde. Und es war einfach nur ärgerlich für mich, monatelang in meiner Dissertation nach einem fehlenden Komma suchen zu müssen.

Die Wechselwirkung der Details untereinander ist wichtiger als die Eigenschaft des einzelnen Details.

Bei der Strukturierung und Gestaltung der Aufgabenkernprozesse lauert die Ingenieurfalle. Denn Detailverliebtheit bringt es nicht. Die Liebe zum Detail dagegen schon. Immer wieder haben wir das in den Geschichten gesehen. Das Over-Engineering ist meines Erachtens ein deutscher Irrglaube. Wir liefern oft die Qualität, die wir uns wünschen. Aber welche Qualität wird wirklich gebraucht? Was nützt die erstklassig im Detail entworfene Abgasrückführung, wenn sie nicht in das größere System der Motorsteuerung integriert ist, wie wir dies am Beispiel eines Pkw der Oberklasse gesehen haben.
Liebe zum Detail ist in komplexen Aufgabenkernprozessen absolut notwendig.
Aber: Ich muss immer in der Lage sein, die Wechselwirkung des Details mit dem Ganzen beurteilen zu können. Und damit kommen wir zum nächsten Aspekt.

Der individuelle Kernprozess – mein Leistungsbeitrag für die Organisation

Im Grunde liegt das Geheimnis des individuellen Kernprozesses in einem klaren Bekenntnis zum: Ich. Ich stehe dafür! Ich übernehme die Verantwortung! Ich übernehme das Risiko! Ich bin involved! Ich werde das fehlende Komma in meinem Softwareprogramm finden. Ja, ich stelle mich vor die Belegschaft und sage: »Das Werk wird in einem Jahr geschlossen sein.« Ich verschleiere es nicht. Und ich bin so engagiert für das Ganze, dass ich die Demut habe zu sagen: Tut mir leid – ich habe das vergessen. Oder wie Albert es gemacht hat: Ich beschaffe euch die Erdbeeren auf jeden Fall. Er suchte immer eine Lösung. Bis zuletzt.

Der soziale Kernprozess – Teams, die für das Unternehmen und das Ziel kämpfen und nicht für sich selbst

Sich als Person in einen Prozess einzubringen ist die Voraussetzung für den Erfolg eines Hochleistungsteams. »Wir bringen das Werk zum Laufen« – und bilden quer durch alle Interessenlagen Teams, die wirklich wissen, worum es geht. »Funktionale Vertrautheit« bilden. Wir nennen das auch »Business oriented Familiarity«. Sei es bei einem Reisebuchungssystem. Oder nach dem Massenstart der Starfighter, wenn man sie einzeln wieder runterholt, um sie zu betanken. Oder bei der Erhöhung der Bandgeschwindigkeit bei dem Landmaschinenhersteller.

Auch wenn in Teams dann oft chaotische Situationen entstehen. Wer es versteht, solche Prozesse zu begleiten, erlebt, wie kreativ teilautonome Teams sein können.

Es ist daher eine der wichtigsten Aufgabe beim Aufstellen von hochleistungsfähigen Teams, dass die Betroffenen ihre Fähigkeiten und Kompetenzen miteinander kombinieren und nicht gegeneinander ausspielen. Wir nennen das das »Ramp-up eines Teams«. Wer am »Ramp-up« spart, wer sich nicht darum kümmert, wer mit wem zusammen arbeitet, wird es später bitter bereuen, wenn alles auf eine persönliche Ebene abgleitet, wenn Konflikte nicht ausgetragen wurden, wenn das Eigentliche nicht im Mittelpunkt stand.

Funktionale Vertrautheit suchen – Business oriented Familiarity

Deshalb lohnt es sich zu schauen, wer passt zu wem und warum passt die eine nicht zur anderen – und warum streiten A und B immer über dasselbe. Darauf zu achten ist beispielsweise eine kleine Lösung.
Wenn Sie rechtzeitig entdecken, wer mit wem nicht kann, vermeiden Sie das böse Erwachen, wenn beide sich gegenseitig ein Bein gestellt haben. Das kann man trainieren, und mit unserer berufsbegleitenden Ausbildung zum »Change Manager« leisten wir dazu einen kleinen Beitrag, der sogar vom TÜV anerkannt ist.

Was rauskommt, ist kein Zufall

Bei alldem gilt: Was rauskommt, ist kein Zufall. *Each organisation is perfectly designed to get the results it gets.* Und wenn Unerwünschtes herauskommt, liegen die Gründe in den Energien der Kernprozesse. Und darin, dass sich Menschen im Unternehmen zwar mit Energie einsetzen, aber nicht unbedingt für die Ziele des Unternehmens. Manchmal, weil sie nicht wollen, wie im Falle des Produktionswerks mit dem Massenstreik. Meistens aber, weil sich niemand die Mühe gemacht hat, die Menschen einer Organisation inhaltlich und emotional mitzunehmen bei der Beantwortung der Frage: Wofür sind wir überhaupt da? Verstehen, wie es wirklich funktioniert – das ist der Schlüssel. Manchmal müssen Führungskräfte das auch auf sich selbst anwenden. Ihren eigenen Existenzgrund finden.

Verstehen, wie es wirklich funktioniert: »Each organisation is perfectly designed to get the results it gets.« David P. Hanna

5. Beobachten und beobachten. Und Feedback zulassen und aushalten

Wir haben gesehen: Manchmal kommt die Lösung auch von selbst. Wie beim kalten Essen und der erhöhten Bandgeschwindigkeit. Manchmal vervielfachen sich Lösungsansätze auch von selbst wie beim sogenannten Town-Hall-Meeting während des Zukunftsdialogs: 100 Bürger machten der Kanzlerin während einer Veranstaltung Vorschläge. Die Volkshochschulen in Deutschland waren von dem Konzept so begeistert, dass sie ohne jeden Auftrag, einfach aus Begeisterung, innerhalb von sechs Wochen gleich 50 solcher Meetings veranstalteten. Natürlich war die Bundeskanzlerin nicht auf 50 Meetings. Die Moderatoren der VHS-Veranstaltungen hatten die wichtigsten Beiträge gesammelt, und je zwei Beteiligte aus jeder Veranstaltung durften nach Berlin reisen.

Wir müssen Feedback zulassen und fördern. Auf allen Ebenen. Und wir müssen aus dem Feedback lernen. Nicht nur als Person, wie wir es bei dem Vorstand gesehen haben, der den Betriebsrat vergessen hatte. Sondern auch als Team, wie die IT-Teams der deutschen Großstadt beim Versuch, die IT des Forsthauses schnell wieder zum Laufen zu bringen, damit wieder Holz verkauft werden konnte. Wir müssen immer auch als Organisation lernen. Damit beispielsweise die Führungsrunde von 30 Personen aus dem Fall »Forsthaus« Konsequenzen für andere Fälle zieht.

Es gilt also auf den drei Ebenen Individium, Gruppe und Organisation zu lernen. Aber auch unter den drei Aspekten: Tun, Fühlen, Reflektieren.

Lernen auf drei mal drei Ebenen – tun, fühlen, reflektieren

Es geht also um Lernen auf drei mal drei Ebenen.

Das Tun: Auf eine intelligente Weise arbeiten und die Dinge umsetzen.

Das Fühlen: Sensibel sein. Empfindungen zulassen. Ärger nicht verdrängen. Schmerz und Zorn artikulieren. Mit seinen Gefühlen für andere erlebbar werden.

Das Reflektieren: Über alles nachdenken. Aus dem Erlebten lernen. Im positiven Sinne „faul" sein.

Und Feedback muss man aushalten lernen. Was keinem nutzt, ist das weit verbreitete Selbstbestätigungsfeedback, bei dem jeder nur das sagt, was ihm zum Vorteil reicht. Und alles an Argumenten so lange dreht, bis herauskommt, dass er oder sie die Besten, vielleicht auch die Schönsten sind. Das auszuhalten ist nicht einfach. Vor allem aber, sich davon nicht blenden zu lassen. Man muss immer auch die Folgen des Feedbacks aushalten lernen.

Wir haben ja auch nicht damit gerechnet, dass bei der Aufdeckung eines Fehlers in der Logistikkette gleich der Einkaufschef auf Nimmerwiedersehen verschwindet, weil er das Feedback über die wahre Lieferkette lieber aus dem Ausland betrachtet hat. Manchmal lässt die »Unterwelt« grüßen.

Ein gutes Feedback-System, bei dem Menschen Rückmeldungen geben dürfen, ist mehr wert als 1000 Fragebögen. Offen miteinander sprechen – auch das klingt selbstverständlich, doch dieser offene Austausch findet viel zu wenig statt.

Ich habe von einem großen Konzern berichtet, der einen weltweiten Umbau vorgenommen, seine Führungskräfte mit ihren Problemen aber allein gelassen hatte. Mit der Folge, dass wir Workshops gemacht haben, in denen die Teilnehmer bei der abschließenden Feedback-Runde über Monate hinweg geschwiegen haben.

Ein gutes Feedback macht den Unterschied.

Da galt es, Schweigen auszuhalten, wenn eigentlich Feedback gefragt ist. Sie wollten sich einfach nicht äußern, sie hatten Wut, waren enttäuscht, in ihnen kochte es, doch sie behielten es für sich. Sie waren es nicht gewohnt, offen über ihre Schwierigkeiten zu sprechen. Sie kannten das nicht. Bis das Schweigen reden konnte. Hätten wir damals nicht die Geduld aufgebracht und monatelang auf Reaktionen gewartet, sie trügen ihren Unmut immer noch mit sich herum – unausgesprochen.

Die Folgen für das Unternehmen wären fatal: Wer nicht sagt, was ihn stört, baut Frust auf, wer Frust aufbaut, wird demotivierter, wer demotiviert ist, lässt nach, wer nachlässt, bringt nicht mehr die Leistung – und schadet damit seinem Unternehmen. Das kann keiner wollen.

Deshalb sage ich: Gutes Feedback macht den Unterschied. Pflegen Sie diese Gesprächsrunden! Sagen Sie, was Sie loswerden wollen, und hören Sie sich als Führungskraft an, was Ihre Mitarbeiter zu sagen haben. Wer mit dieser Ressource arbeiten will, muss sprechen, muss den Dialog suchen. Keiner hat alle Lösungen in sich gespeichert. Lösungen entstehen unter anderem bei und nach Feedback-Runden. Wir nennen das Führung durch Feedback.
Echtes Feedback gründet auf Ehrlichkeit. Dazu gehört auch, die positiven Dinge zu nennen. Die sollte man nicht vergessen. Das ist angenehm. Feedback heißt aber auch, dass Dinge ans Tageslicht kommen, die einen treffen können. Das ist nicht immer angenehm.
Wer glaubt, seine Mitarbeiter mit E-Mails abspeisen zu können, darf sich nicht wundern, wenn diese sich damit nicht abspeisen lassen. Es gehört Mut dazu.
Mut, vor Menschen zu treten, denen man etwas Unangenehmes mitteilen muss. Mut, mehr zu machen, als man sollte. Mut, nicht gegen sein Gewissen zu handeln.

Wer sich öffnet, dem öffnen sich die Menschen.

Ich habe das Beispiel meines ehemaligen Kollegen geschildert, der vor die Belegschaft getreten ist und gesagt hat, dass in zwölf Monaten der Betrieb geschlossen wird, dass man aber jetzt gemeinsam an einer Lösung arbeiten wird, damit es für alle verträglich wird.
Es war ein kleiner Schritt, eine kleine Lösung – die eine maximale Wirkung hatte. Dazu braucht es Mut. Dazu braucht es auch so etwas wie Haltung.

Und dazu braucht es natürlich auch etwas wie eine Einstellung, die den Menschen zugewandt ist. Er hatte damals auch seinen eigenen Job riskiert.
Es schien ihm in diesem Augenblick aber wichtiger, ehrlich zu sein. Ehrlich und offen den Menschen gegenüber. Und Offenheit lädt zu Offenheit ein. Wer sich öffnet, dem öffnen sich auch die Menschen.

6. Macht das alles Sinn?

Wer die Komplexität und Dynamik einer Organisation meistern will, muss mit »Menschen können«. Und dass man das kann, setzt voraus, dass man auch über sich selbst Bescheid weiß. Die Frage nach dem »Warum« ist eine der ersten Fragen in unseren Beratungen. »Warum machen Sie das, was sie tun?« Das sind Fragen, die gehen ans Eingemachte. Aber nur dann setzen Veränderungen ein.
»Was hat Sie heute in Ihrer Lebensperspektive ermutigt, und was hat Sie runtergezogen?« Damit haben wir nicht selten Gespräche begonnen, die die jeweiligen Führungskräfte noch nie so geführt hatten. »Formulieren Sie doch mal den Existenzgrund Ihrer Person!« Das geht an die Substanz. Das führt aber auch zum Nachdenken. Es gibt diese emotionale Tiefenschicht, in der all das angesiedelt ist, was mit unserer Herkunft, mit unserer Geschichte, aber auch der Geschichte eines Unternehmens zu tun hat. Das heißt nicht, dass es eine Therapiestunde werden muss.
Die Führungskräfte sind ja nicht psychisch krank, sie müssen »nur« die Komplexität meistern. Sie stehen vor einem Problem, aber nicht vor einem emotionalen Scherbenhaufen. Deshalb ist

das, was wir machen, keine Therapie, es ist ein Bewusstmachen von der Herkunft – und das führt nicht selten zu Lösungen, zu kleinen Lösungen.

Leidenschaft kann man erst wecken, wenn man fest im Leben steht.

Denn: Wer beginnt, sich selber kennenzulernen, wird immer mehr auch dahinterkommen, dass es sicher richtig ist, großen Visionen zu folgen, aber dass die Umsetzung immer an den Willen und die Leidenschaft von Menschen geknüpft ist. Und dass man diese Leidenschaft erst wecken kann, wenn man selbst fest im Leben steht.

7. Darf ich als Manager »faul« sein?

Ich habe viele Führungskräfte erlebt, die sich völlig verloren haben. Die ackern 80 Stunden die Woche für das Unternehmen, sind mehrere Tage unterwegs, stehen pausenlos in Kontakt, blicken Tag für Tag auf Hunderte von Mails und glauben fest daran: Ohne mich geht hier gar nichts.

Sie haben ihre Familien lange nicht gesehen, haben lange kein Buch mehr gelesen, das nichts mit ihrer Arbeit zu tun hatte. Konzerte und Theater kennen sie höchstens noch von früher, und wenn sie Sport treiben, machen sie es genauso exzessiv wie ihre Arbeit, es muss der Marathon sein oder die Matterhorn-Besteigung, drunter machen sie es nicht. Sie sind Höchstleister. Sie sind in der Lage, jede sich auftuende Pause, und seien es nur fünf Minuten, »sinnvoll« zu nutzen. Sie haben alles im Griff, sind immer auf dem Laufenden – und doch fehlt ihnen etwas

Elementares: Faulheit im positiven Sinn – entspannen, nachdenken, Abstand gewinnen, wandern, bergsteigen, beten. Mangelnde Faulheit ist ein echtes Problem unter Führungskräften geworden. Einfach mal nichts tun. Faul sein. Abhängen. Sie finden kaum Manager, die das bewusst tun. Oder kennen Sie einen faulen Manager? Ich kenne kaum einen, aber ich empfehle es vielen: Sei mal wieder faul!

Seien Sie mal wieder »faul«! Entspannen, nachdenken, Abstand gewinnen, wandern, bergsteigen, beten.

Denn diese »kleine Lösung« hilft durchaus, die Komplexität zu meistern. Ich bin sogar der Meinung, die Fähigkeit zur Faulheit gehört zu den drei Grundvoraussetzungen für erfolgreiches Management.

Klar, sie benötigen den Verstand, die Intelligenz. Sie müssen verstehen, um was es geht, sie müssen Fachwissen haben, Erfahrung auf dem Gebiet und auch analytische Fähigkeiten besitzen. Außerdem benötigt ein guter Manager so etwas wie Sensibilität, er sollte wissen, was in seinem Team abläuft, wer mit wem in welcher Beziehung steht, wer gut miteinander kann, wer Konflikte auslöst und warum. Das ist auch die Voraussetzung, um ein Team aufzubauen und es zu führen.

Doch neben Intelligenz und Sensibilität zählt auch die Faulheit zu einer Managementeigenschaft. Das schafft Raum für Kreativität. Die Beine hochlegen, innehalten, nachdenken, etwas vollkommen anderes machen. Menschen haben die besten Ideen häufig in der Badewanne oder beim Waldspaziergang, wenn sie sich weit genug von ihrem Alltag entfernt haben. Und im besten Fall kommen sie auf eine kleine Lösung.

8. Wie finde ich die kleine Lösung?

Das Kleine erkennen – darauf kommt es letztendlich immer an. Die Umgebung, die Umwelt ändert sich pausenlos. Und es ist ein Antrieb von vielen, ihre Organisation, ihr Unternehmen an die sich verändernde Umwelt anzupassen.

Doch schon der erste Schritt kann der falsche sein.

Wer die Produktivität erhöhen will, kann einfach das Tempo des Fließbands erhöhen, eine Rundmail schreiben, auf die Marktlage hinweisen, kurz den Grund und Zweck der Arbeitsbeschleunigung erläutern, und das war es dann.

Man kann auch, wie ich gezeigt habe, mit der Belegschaft gemeinsam die Produktivität steigern. Dazu gehört eine ausführliche Beobachtung. Dazu gehört ein Klima des Vertrauens. Jeder kann einen Beitrag leisten. Auf jeden Fall sollte man nicht das Wissen der Menschen verschenken.

Viel zu viele lassen sich von Beratern einreden, wie es schneller geht, wie es effizienter geht, wie es günstiger geht. Aber nicht alle Berater machen sich die Mühe, wirklich das Problem zu betrachten. Viele wenden an, was in anderen Betrieben funktioniert hat. Es wird passend gemacht.

Was ich gelernt habe in diesen vielen Jahren, in diesen Wanderungen quer durch die Aufgabengebiete, quer durch die Disziplinen, quer durch Hochschulen, Verbände, durch Betriebe und die Politik: Kaum ein Problem lässt sich mit dem Problem in einem anderen Haus vergleichen. Es mag viele Indizien geben, die ähnlich sind. Doch das ersetzt nicht den genauen Blick.

Es kann immer sein, dass man das kleine entscheidende Indiz übersehen hat. Man arbeitet da wirklich sehr detektivisch. Man fahndet nach der Lösung – und das auch an Orten, an denen man die Lösung nicht vermutet hat.

Wer mit einer vorgefertigten Meinung in ein Unternehmen kommt, wer glaubt, nach dem ersten Gespräch schon zu wissen, was der Organisation fehlt, wo man ansetzen muss und wie die Lösung ausschaut, handelt immer zu übermütig, beziehungsweise er handelt fahrlässig.
Ich glaube, die Lösung ist meist schon in der Firma. Und die Aufgabe eines Beraters ist es, diese schon vor Ort befindliche Lösung zu finden – gemeinsam mit den Führungskräften, gemeinsam mit den Mitarbeitern, in der Organisation.

Die Lösung ist oft schon im Unternehmen, sie muss nur gefunden werden.

Es kommt darauf an, die richtigen Fragen zu stellen, es kommt nicht zwangsläufig darauf an, mit den richtigen Antworten anzurücken. Die eine richtige Antwort kann unter Umständen gar nicht auf die Frage passen. Mir ist da besonders der Auftrag im Krankenhaus in Erinnerung.
Es ging um die kleine Frage, warum das Essen immer kalt beim Patienten ankommt. Die erste Antwort der Klinikleitung war eine teure Software.
Wir als Berater hatten zunächst keine Antwort. Wir hatten nur eine Frage: Woran liegt es? Warum ist das Essen kalt? Und bei der Suche nach einer Antwort hatten wir das Problem gelöst. Wir klebten Zettel auf die Essenswagen – und plötzlich zeigte sich der wichtigste Problemlöser von allen: der Mensch.
Diese Herangehensweise hat auch immer etwas mit Demut zu tun.
Wir haben nicht »die« Lösungen – aber wir haben vermutlich die richtigen Fragen. An die Organisation und an die Menschen.

Viele verstecken sich gerne hinter der Organisation. Doch wer die Komplexität eines Unternehmens verstehen will, muss die Menschen sehen, muss sehen, was sie machen, wie sie es machen und warum sie es machen.

Man muss die Menschen sehen und verstehen, dann beginnt man die Komplexität und Dynamik zu verstehen.

Die Sekretärin der Fluggesellschaft, die für ihren Chef einen Flug buchen kann, obwohl die Maschine längst ausgebucht ist, die hat ein Wissen. Ein Wissen, das der ganzen Organisation zugutekommen sollte. Wer das außer Acht lässt, wer darüber hinweggeht, wer das nicht sieht, der wird sich schwertun, die kleine Lösung zu entdecken. Der wird viel Geld für teure Lösungen ausgeben, viel in technische Lösungen investieren, wird immer erst die Technologie aufrüsten, statt mit den Mitarbeitern zu sprechen. Statt die Menschen wahrzunehmen.
Es mag an meinem christlichen Menschenbild liegen, sicher auch an der Erfahrung, aber gerade ich als Ingenieur, also als Vertreter einer technischen Weltsicht, kann nur dringend empfehlen: Erst der Mensch, dann die Organisation, dann die Technik.

9. Wofür sind wir da?

Der nächste Schritt ist die Frage nach dem Wozu. Die Frage nach dem Existenzgrund ist nicht nur für eine Führungskraft von elementarer Bedeutung, sie lässt sich auch auf einen Verantwortungsbereich, auf eine Einheit, auf eine Organisation, auf ein Unternehmen übertragen: Warum machen wir das?

Das gelingt nicht, meinen Sie? Dann ist es Zeit, dafür Zeit zu investieren.
Stellen wir die Frage doch mal anders: Wer schreit, wenn es Ihren Bereich nicht mehr gibt? Wen außer Ihnen würde es stören, wenn es Ihre Abteilung nicht mehr gibt? Mit der Antwort auf diese Fragen nähern Sie sich mit großen Schritten Ihrem Ziel. Wer wird Sie vermissen? Ihre Kunden? Und wenn ja, warum? Was ist das eigentlich, was Ihre Arbeit ausmacht?
Und da, bei den ehrlichen Antworten, beginnt bereits die Lösung. Da beginnt man, tatsächliche Ziele zu formulieren. Warum machen wir das eigentlich? Und wer Ziele formuliert, hat schon viel erreicht.
Das ist wie beim Bergsteigen: Was ist das Wichtigste beim Bergsteigen? Die Schuhe? Ihre Ausdauer? Ihr Wille? Ihre Ausrüstung? Ein Navi? Nein! Alles nein! Das Wichtigste beim Bergsteigen ist – der Gipfel. Sie brauchen einen Gipfel. Sie brauchen ein Ziel. Und genauso sollten Sie in Ihrer Organisation den Gipfel, also das Ziel formulieren. Denn die nächste Frage, die ich auch immer stelle, ist: Blicken Sie in Ihrem Verantwortungsbereich noch wirklich durch? Warum läuft es überhaupt? Warum kommt das heraus, was herauskommt?
Auch dann nähert man sich einer Lösung. Wie gesagt: »*Each organisation is perfectly designed to get the results it gets.*« Mit anderen Worten: Wer Unebenheiten innerhalb seiner Organisation übersieht, sollte sich nicht wundern, wenn am Ende nichts Vernünftiges herauskommt. Deshalb lohnt der Blick auf das Detail. Ich meine nicht die Detailverliebtheit, die ist zu riskant. Wer sich in Details verliert, setzt immer das Ganze aufs Spiel.
Es geht darum, die Wirkung des Details auf das Ganze zu ergründen. Was passiert, wenn ich ein kleines Detail verändere?

Und welches Detail hat die größte Auswirkung auf das Ganze? Wo also muss angesetzt werden, um die Organisation zu modernisieren und umzugestalten?

Erfahrung macht den Meister.

Komplexität zu meistern ist wie die Ausbildung zum Meister – nichts ersetzt die eigenen Erlebnisse und die daraus gezogenen Erfahrungen. Meister wird man durch Erfahrung – nicht durch ein Uni-Studium.

Machen Sie Ihre eigenen Erfahrungen, die Sie umgebende Komplexität zu meistern. Halten Sie die Komplexität und Dynamik aus, wenn Sie sie nicht ändern können. Verbessern Sie Ihre Wahrnehmung und beobachten, ob sich in Ihrem komplexen System durch die Beobachtung quasi von selbst etwas in die gewünschte Richtung bewegt.

Und machen Sie Ihr Herz auf für die kleine Lösung mit der größten Wirkung. Aber prüfen Sie vorher, ob die unerwünschten Neben-, Rück- und Fernwirkungen nicht größer werden als die gewünschte Wirkung. Und wenn es eine große Veränderung ist, die viele Jahre braucht, dann bleiben Sie geduldig und beharrlich dran mit vielen kleinen Lösungen – 1000 Schritten anstelle eines Big Bang. Eine kleine Lösung. Finden Sie diese. Sie ist näher, als Sie denken.

NACHWORT

Als Wissenschaftler, Maschinenbau-Professor, als Ingenieur und Vertreter einer Welt, in der es darum geht, effizientere Motoren und hochkomplexe technische Lösungen zu entwickeln, und in der der Glaube vorherrscht, es gebe für alles eine technische Lösung, sich hinzustellen und zu sagen »Die beste Lösung ist die kleine Lösung«, mag fast etwas von Weltfremdheit an sich haben. Doch so weltfremd oder so gewagt ist die Aussage gar nicht. Sie bringt vielmehr die Essenz aus vielen Jahrzehnten Leben und Arbeiten zum Ausdruck. Ob als Führungskraft, als Dekan, als Manager oder als Berater in Wirtschaft und Politik – ich habe es zu oft erlebt, dass am Ende bei hoher Komplexität und Dynamik die kleine Lösung auch die wirksamste Lösung war.

In Situationen, in denen Komplexität und Dynamik nicht mehr beherrschbar sind, in denen die Dynaxity also nicht mehr kontrollierbar ist und das Chaos auszubrechen droht, die Menschen nicht mehr miteinander sprechen und ganze Systeme kurz vor dem Zerbersten sind, kommt es vor allem darauf an, die wesentlichen Dinge wahrzunehmen und auszuhalten. Gelingt es, diese funktionale Distanz aufrechtzuerhalten, gibt es eine Chance, eine Lösung zu finden – und diese Lösung ist meist die kleine Lösung. Die kleine Lösung ist keine einfache Lösung. Im Gegenteil: Der Schlüssel zum Erfolg ist immer, das Ganze im Blick zu behalten und dabei die Liebe zum Detail nicht zu vergessen. Das heißt, man muss darauf achten, die Komplexität und Dynamik einer Situation insgesamt zu erfassen, dabei aber nicht den Fehler zu machen, die vermeintlichen Kleinigkeiten zu übergehen, sondern gerade zu verstehen, ob und welche Auswirkungen sie auf das Ganze haben.

Wenn ich Ihnen, liebe Leser, etwas mit auf den Weg geben will, dann ist es genau das: Man kann mit Komplexität und Dynamik umgehen, aber man wird Komplexität und Dynamik nie dauerhaft beherrschen können. Doch beides wahrzunehmen und auszuhalten – auch oder gerade wenn man (noch) nichts daran ändern kann – ist bereits der erste Schritt in Richtung einer Lösung. Das ist die entscheidende Erkenntnis meines Lebens.

Und wenn man eine verfahrene Situation ändern kann, heißt das in aller Regel: mit einer kleinen Lösung. Die kleine Lösung zeigt sich vielleicht erst am Ende einer längeren Wegstrecke. Sie erfordert nicht selten Mut, Geduld und Entschlossenheit. Doch der Einsatz wird belohnt.

Eine große Lösung mag verlockend erscheinen. Sie ist aber nicht selten teuer, aufwendig und kann ein System, eine Organisation und nicht zuletzt die Menschen darin sehr stark belasten. Die kleine Lösung dagegen entlastet. Und in der kleinen Lösung manifestiert sich die Wertschätzung des Menschen und seiner Fähigkeiten, die weit über das rein Organisatorische und Technische hinausreichen.

Die kleine Lösung bahnt immer den Weg aus dem Chaos.